谨以此书

✤

献给每一位在育儿道路上艰难跋涉的妈妈们

你们从不孤单

没有什么育儿的大道理
只是
一个普通妈妈的
摸爬滚打
痛苦、挣扎、摸索
以及成长

苏小懒 著

图书在版编目（CIP）数据

爱自己，是给孩子最好的礼物 / 苏小懒著. -- 南宁：接力出版社，2025. 5. -- ISBN 978-7-5448-9102-8

Ⅰ. B848.4-49

中国国家版本馆CIP数据核字第2025GX5349号

爱自己，是给孩子最好的礼物

AI ZIJI, SHI GEI HAIZI ZUIHAO DE LIWU

责任编辑：郝娜　　文字编辑：汤箫僮　　美术编辑：马丽
责任校对：杨少坤　　责任监印：郭紫楠
出版人：白冰　雷鸣
出版发行：接力出版社　　社址：广西南宁市园湖南路9号　　邮编：530022
电话：010-65546561（发行部）　　传真：010-65545210（发行部）
网址：http://www.jielibj.com　　电子邮箱：jieli@jielibook.com
经销：新华书店　　印制：北京瑞禾彩色印刷有限公司
开本：880毫米×1230毫米　1/32　　印张：8.75　　字数：121千字
版次：2025年5月第1版　　印次：2025年5月第1次印刷
定价：59.00元

版权所有　侵权必究

质量服务承诺：如发现缺页、错页、倒装等印装质量问题，可直接联系本社调换。
服务电话：010-65545440

前言
PREFACE

有一段时间,我在微博开了"树洞"栏目,收到很多网友发来的私信。关于恋爱、婚姻、原生家庭,关于亲密关系、人际关系、工作、育儿……大家通过文字向我倾诉着人生中的喜怒哀乐。

有人结束了七年的恋爱长跑,隔天即将举办婚礼,却在那一刻仍然犹疑:她被检查出纵隔子宫,存在无法生育的可能,他曾提出分手,隔天又求复合。她发来他们的婚纱照,照片里的他们笑得那么灿烂,灿烂到她不知是否该彻底忘掉他曾有过的放弃。

有人刚刚结束一段痛苦的婚姻,心中有着诸多不甘、失落、困惑，不断地在问自己："前路漫漫，未来会好吗？"

有人生了一对双胞胎，在陪伴孩子成长的日子里，每天都鸡飞狗跳，幸福与烦恼并存，当她的名字逐渐被"某宝妈妈"取代，当她习惯性忘记照顾自己时，她问我："我可以在某些时刻恨我的孩子，后悔生下他们吗？"

有人走了很远的路，得到过，失去过，虽然孤身一人，却像个"精神贵族"一样每天都过得充实又自在。奈何控制欲较强的父母无法接受，甚至以死相逼让她必须嫁人。不得不妥协的她踏上了痛苦的相亲之路。深夜里，透过大段的文字，我仿佛听到她的长叹："我已经二十六岁了，每天出门穿什么衣服的自由都没有，更别说对婚姻有自主选择的权利了，这样被控制的人生该如何挣脱？"

……

仅通过私信内容的只言片语，加上我个人能力有限，其实很难给出切实的建议以及实质性的帮助。除了耐心倾听，我心中明白，她们有时或许并不需要什么建议，只是想倾诉、宣泄情绪罢了。

不同的年龄、人生阶段，以及心境与阅历的差别，这些都会带来不一样的烦恼和压力，每个人都有属于自己的艰辛。或许对于普通人而言，始终保持努力向上的姿态，安稳地生活着，已然称得上是自己人生的英雄。

我当然也有我的压力和精神上的困苦，有些来自原生家庭，有些来自性格特质，还有不可忽视的产后抑郁症，一度将我折磨得面目全非。除了陆续寻求亲朋的支持，我还通过健身、读书、定期与心理咨询师沟通，积极地进行自我救赎。

心理学上有个说法，叫"社会支持"，我尽可能地让自己得到更多支持。

在三年的时间里，在咨询师那间小小的咨询室中，我得到了足够多的倾听、理解和接纳，不评价、不指责的包容态度，始终如一的陪伴……那些高质量的对话，那些不断滋养我的精神支持，让我越发明晰自己的想法，能够自如表达，实现飞速成长。

我曾在微博上写了很多杂文，有网友评论说："苏小懒写《全世爱》时，可没这么通透。"

我一时呆住，就当这句话是对我的夸奖吧。

写《全世爱》时，我还很年轻，沉浸在甜蜜的二人世界里，对爱情有着太多美好的幻想。

如今身为两个孩子的母亲，尤其是每天不停吵闹的两个男孩的母亲，我对生活已经有了新的洞察，对人性也有了更深的认知。走过的路、读过的书，让我的阅历不断积累，也让我更懂得如何驾驭文字，我也越发重视文字创作背后所承载的社会责任。

每个人都会成长。

我当然也从不敢对自己降低要求。

从《全世爱》到《不懂浪漫的男朋友》《耳无尘事扰》……在十几年的写作生涯中，我已经从当初懵懂热恋的少女，蜕变为两个孩子的母亲，其间，尝过的酸甜苦辣咸，冷暖自知。

我一直惦记着我的读者们，尤其是那些说我影响了她们的爱情观和婚姻观的女读者们。不知道这些年，你们经历了什么，有着怎样的故事。

你们是否也像我一样，在分娩时因为麻醉师人手不足，不得不忍受着宫缩带来的剧烈疼痛，在绝望与孤单中仍怀揣着希望？

你们是否也像我一样，看着怀中小小的婴儿手足无措——既想倾尽一生好好去爱，却又因自己接受的教育和原生家庭的影响，而被各种担心充斥心头？

你们是否也像我一样，在工作和育儿中手忙脚乱，多次情绪失控，可在那些艰难时刻，却始终未能得到家人的理解与重视？

你们……

是不是像我一样，在育儿的道路上，"一夜之间"从少女蜕变为母亲，不得不逼迫自己成长？

是不是像我一样，痛着、爱着、恨着……摸爬滚打流着泪却也艰难前行着？

在不同的人生阶段，社会角色和家庭角色会发生变化，你们的心境是否也和我一样，变得不同了？

我最喜欢的美剧《极品老妈》剧终时，其制片人查克·洛尔（Chuck Lorre）写下这样一段话："我们着手制作一部以希望为主题的喜剧，希望这是一段充满爱、友情与欢笑的旅程。希望人们能改变，希望人们能被原谅，希望破碎的关系能被修复。希望人生的起起落落，永远都不必独自面对……感谢世世代代的人们传递着的信念：总有解决的办法（There is a solution）。"

永远都不必独自面对，也总有一个解决的办法。

我被深深触动。2008年，我写的《全世爱》曾经被读者们誉为"单身一族必看的恋爱宝典，是恋人不能错过的婚恋指南"，而在此之后呢？

十七年过去了。

我希望大家永远不必独自面对人生中的每个阶段的每个困境，不论遇到什么样的困难，始终乐观坚信：总有解决的办法。

在创作这本书时,我陷入了困境。起初,很多出版社感兴趣,但看过稿子后,绝大多数的编辑希望我删减一半的内容:要么专注女性成长励志方向,要么聚焦育儿方法论,否则和出版社的产品线定位不符,没办法通过选题论证。

我当时有些沮丧,为什么一定要把女性成长和育儿割裂开来呢?我相信,许多女性正是在经历分娩后,才开始更深一步的觉醒和成长的,二者从来都不冲突,也绝不应该被割裂。特别是对于女性而言,育儿前要先育己,当然,育儿也是在育己。

我认为,这本书适合十八岁以上的所有女性读者,它不会只局限于家庭教育,它让我们"看见"更多的女性,引发对"儿童教育"的深入反思。它带领我们重返孩提时代,回望母亲及祖辈们的生活,也照亮我们未来前行的道路。

在此，要特别感谢接力出版社的白冰老师和于露老师对这本书稿的喜欢。同时，也感谢各部门老师在选题论证会上为这本书稿投出宝贵的一票。也感谢我的经纪人周行文、经纪人团队陶翠老师为我的这本书做出的努力。

是的，这本书包含两大部分：一部分是我成为妈妈后，对自己及周围同龄人的家庭，还有我们妈妈辈生活的观察与思考，其中展现了诸多女性自我的成长和自省。第二部分记录了我在陪伴孩子成长的过程中，关于育儿方式、方法的经验分享。

没有人可以成为完美妈妈，我也不例外。我会时不时情绪失控，也曾多次崩溃大哭，写这本书绝不敢妄称"专家"或提供"育儿指导"……这本书只是记录了一个普通女性的磕绊成长——从尚未生育，到成为妈妈，再到找寻到真正的自己。

关于育儿，我想说："时代不同了，我们需要掌握更民主、更科学、更尊重孩子的育儿技巧，这是世界上最艰巨的工作。让我们一起讨论，并肩前行。"

欢迎大家一起交流探讨，也可以在新浪微博@苏小懒私信我。

如果这本书可以为大家带来一点点心灵的滋养和精神的慰藉，那将是我莫大的荣幸。

紧握你们的手。

小懒

2025年4月24日

目录 CONTENTS

第一章　谁没有崩溃过，那又如何

顶着暴雨徒步十几公里穿越热带雨林 / 3
千防万防，孩子的好奇心最是难防 / 23
关于商场里的紧急按钮 / 27
"熊孩子"的"学以致用" / 30
肺都要气炸了 / 33

番外篇

妈妈的崩溃 / 38
关键时刻 / 40

第二章　先爱自己，其他的以后再说

牺牲和隐忍并不是美德 / 45
这是我的决定，不要试图说服我 / 56

练习如何拒绝他人 / 61
六个月减重三十斤，科学维持不反弹 / 66
独自去吃烤肉 / 77

番外篇

论吃独食的注意事项 / 86
大人也想要礼物哇 / 88

第三章　给孩子们浇水、施肥、晒太阳

冲突激烈时承认自己的错误 / 93
乐观的品质 / 96
无法原谅做了蠢事的自己 / 112
给小孩儿所需要的爱 / 121
成语漫画书引发的烦恼 / 128
没给妈妈留午餐肉 / 133
帮助孩子进行低落情绪自救 / 139

培养小孩儿做家务的能力 / 144

希望公众多些包容、理解、耐心和善意 / 150

番外篇

保护他此刻非常容易获得的快乐 / 159

这都是你应该做的 / 161

第四章　孩子们也在给我们浇水、施肥、晒太阳

不要以为孩子不明理 / 165

两个孩子给我上的一课 / 169

上外教网课前的崩溃 / 174

在学校如何拒绝同学的不合理请求 / 186

小孩子的隐忍和表达 / 191

当了卫生委员 / 194

给妈妈的礼物 / 202

番外篇

突如其来的母子情 / 205
每天抬眼就能看到他 / 206

第五章　还是有这么多人爱着你，因为你值得呀

因为你是个闪闪发光的人哪 / 211
来自朋友间的精神支持 / 216
做那个主动伸出手的人 / 222
全职妈妈的困境 / 226
要保证全职妈妈的独处时间 / 240
生育前后，给予女性更好的福利待遇 / 251

番外篇

这也是没办法的事情 / 255
想当我自己的孩子 / 257

我攀越了这样一座难爬的高山，那么，不论未来有多么难以攀爬的高山，我一定会想起今天，也一定有着足够的信心和能力，继续征服它们。

第一章

谁没有崩溃过，那又如何

顶着暴雨徒步十几公里穿越热带雨林

当下心中有底,任凭雨水肆意倾泻在头发上、身上,心中只有这样的信念:

向上。

前进。

没有路也没关系,脚步所至之处,自会成为身后的路。

1

我要承认,自从生了二胎,我一直比较焦虑。

原因有很多。

比如，我高估了自己的抗压能力。

低估了多了一个孩子后，身为妈妈需要付出的时间和精力。

低估了两个孩子在成长过程中产生的摩擦。

低估了和我爸妈相处所需的智慧。

低估了我妈和住家阿姨之间的矛盾。

低估了夫妻在养育投入和育儿理念上的分歧。

低估了工作的压力，工作与养育投入之间的冲突。

我想看书学习，提升自我，但哄完孩子睡觉后终于有了自己的时间时却只想躺着。

产后，我想减脂减重，但只有暴饮暴食才能让我开心。

总之，我的生活矛盾重重。每天的时间、精力，以及肉眼看不到的精神都在不断损耗，却没有什么可以滋养我。

2

在朋友的建议下，我开始了每周一次的心理咨询。

起初，我对咨询师的信任度并不高。然而，随着与咨询师的深入交流，我逐渐感受到，和她聊天如同与智者对话。她帮我厘清了太多混乱的思绪，让我不断自我觉察，也尝试着将多年来都不曾自知的、原生家庭带来的伤痛和成长过程中的伤害慢慢降低。

她帮我深入剖析我的内心世界，而我也越来越清楚自己的感觉，不再像从前那样，一旦察觉到情绪波动，就惊恐地试图用沉重的"石块"将它们强行压下去。

我开始了解、理解、接纳自己，不再过于在乎他人的感受，尝试着先考虑自己。

不盲从，不迷信权威；不压抑，不隐忍；有能量，有力气；待人温和；更全面地看待问题，不走极端；在和朋友聚会或者在工作中需要沟通时，我也越来越喜欢表达，且思路清晰。

当有人来者不善，打着为我好的名义却不断冒犯我时，我不再忍气吞声，而是学着表达自己的感受。在必要的情况下，我也会采取适当的措施进行反击。

虽然向心理咨询师倾诉、求解的费用不菲，但从中得到的启发、成长和精神支持，却让我坚信这笔开销无比值得。

我变得更有智慧，更有力量，更勇敢，也更主动。

3

即便如此，我还是会有不同程度的焦虑情绪。

尽管咨询师给予了我足够的支持，我的自我觉察的力量也十分强大，但冰冻三尺非一日之寒，多年积攒下的伤痛，已然成形的性格，持续施加的社会压力，还有育儿过程中的精神损耗，并不是一两年就可以轻易解决的。

2022年7月，王人平老师问我，要不要参加他在腾格里沙漠的亲子营。

我和王老师在微博上已经相互关注了很久。我每天看他发的各种育儿知识，受益良多。王老师的一句话尤为触动我："一个孩子读过的书、走过的路，组成了他自己。"这和一位教育学家倡导的理念有异曲同工之妙：要给孩子足够的爱和自由，让他成为自己国土上的王。

所以，有生之年，我们做父母的要协助并陪伴孩子不断开拓他脚下的"疆土"，直到他成为"自己国土上的王"。

所以，去爱吧。

去读书吧，去满世界撒欢儿吧。

王老师经营的亲子营所处的地域——河西走廊、长白山等，每一处都让我心生向往。王老师的亲子营在业界非常有名，他的合伙人张兆博，还曾经是知名电视节目《赢在中国》的评委，《勇往直前》的导师。

虽然心动，但我犹犹豫豫，一直无法敲定行程。

王老师也看出了我的犹豫，他建议我们先定下沙漠营。他会把队服和资料先寄给我，即便我们不能如期参加沙漠营的活动，也依然可以选择参与其他心仪的营地项目，不会让这份期待落空。

就这样确定了日期。

后来因为小群的学校期末评选耽搁了行程，我们错过了沙漠营的活动，最终参加了西双版纳热带雨林营的活动。

我没有想到这次营地之行，让我收获这么大。

从某种程度上来说，它让我的焦虑情绪得到了显著缓解。

4

在为期六天五晚的旅程中，我们一家四口有幸跟着王老师和张兆博老师，以及几位专业老师，与十几个家庭一同踏上了探索之旅。我们参观了中国科学院西双版纳热带植物园，探访了南糯山哈尼族寨子，了解了当地世居民族的真实生活和文化，当然也不会错过傣寨、野象谷……

出发前，我曾担心在飞速行驶的大巴车上，小孩儿突然要大便。

我曾担心山路崎岖，孩子们会因晕车而呕吐。

我曾担心饮食不习惯，衣服太薄，孩子会感冒发烧。

我曾担心行程安排得过于紧凑，担心旅途中的艰辛难以承受。

总之，我有各种各样的焦虑情绪。

直到顶着暴雨徒步十几公里穿越西双版纳热带雨林后，我的心态发生了翻天覆地的变化。

这段经历让我倍感荣耀，以至于在很长一段时间里，我逢人便要炫耀一番。

5

那日,雨林郁郁葱葱,空气中弥漫着湿润的气息。古树高耸入云,溪流潺潺。开始还有一条仅能一人通过的蜿蜒小路,随后小路渐隐,慢慢地没有了路。孩子们寻找着雨林里的各种虫子——竹节虫、枯叶蝶、毛毛虫……感受着自然界的千奇百态,也攀爬了大榕树,吃到了非常美味的雨林大餐。

经过短暂的休憩后,我们开始了真正的徒步穿越之旅。

那时小群已经十二岁了,足够独立,很快冲在了最前面。四岁的小阔是这次亲子营活动中年龄最小的,我们慢慢落在了最后面。

王老师见我们带小阔有点儿吃力,在征得了小朋友的同意后,直接把小孩儿"挂"在自己身上。

张兆博老师也在旁边帮忙,很快小阔便消失在我们的视野中,我和木木赶紧加快步伐。

在穿行雨林的过程中，突然没有任何征兆地下起了雨。这雨来得又急又大，没几秒，头上脸上都是雨水，我们赶紧穿上营地配备的一次性雨衣。

然后我有点儿慌。

一是我们彻底掉队了，根本看不到大部队的影子，还要避开各种肆意生长的植物。前方看起来处处都是路，却压根儿没有任何路。

二是虽然有从当地寨子里请来的向导在前面开路，也有营地活动的男老师殿后，但向导语气有些急："雨越下越大，道路湿滑会更不好走。"

确实，雨后的道路变得异常湿滑，比起之前未下雨时，行走起来要困难许多。

脚下的泥土顽固地黏附在鞋上，踩到任何地方，都止不住地滑，稍不注意就会滚下山。我们不得不手脚并用，小心翼翼地在崎岖的山路上艰难前行。

两个孩子都不在身边，我急上加急。

偏偏此时木木表情痛苦地惊呼一声，说是有飞虫进了眼睛，疼痛难忍。

我只得靠在一棵树上，拿矿泉水帮他冲洗眼睛，可是冲了几次，他依然说疼，灼得难受。

我又帮他翻眼皮吹，可是疼痛依然没有减轻。

向导也过来帮忙查看，和我一样，他也没有看到眼睛里有任何东西。

我们的包里没有眼药水，稍事休息后，木木只能忍着疼痛继续向前。

我当时又气又急。

第一，我们不用照顾孩子，还落在最后面，这太丢人了。

第二，两位老师需要带队，还帮忙照顾小阔，我有点儿过意不去。

第三，我想要尽快和孩子们会合。

第四，更多的是对木木的抱怨，觉得他关键时刻掉链子。我让他戴安全帽，他说什么都不肯，非要把厚重的安全帽系在后面的背包上，一路晃晃悠悠的。如果戴着安全帽，木木只需要一低头，飞虫也许就不会飞入他的眼睛里。

我又不能责备他，他红着眼睛龇牙咧嘴已经很难受了，我就不要火上浇油了。

几分钟后，我迅速调整心态，这期间的心理活动如下：

掉队并不丢人，我第一次进热带雨林，第一次徒步十几公里。那些厉害的户外运动高手，他们的第一次野外徒步也许还没我顺利呢。

两位老师有着非常丰富的经验，孩子在他们手里，足够安全。不要怕麻烦他们，他们就是来帮助大家的。

所以我不需要担心孩子，管好我自己就可以了。

木木的眼睛问题应该不大，至少能睁开。等到跟大部队会合后，再询问有没有人带眼药水，处理不了就回市区，几十分钟的路程应该也能承受。

当下迫切的是，我们要尽快在暴雨更加猛烈前赶到山顶。

即便发生不慎滑落的意外也没关系,有两位工作人员在,顶多断几根肋骨,受点儿皮外伤,肯定能活着出去——当然了,这是最坏的设想。

再说,这次活动还有一位六十多岁的姥姥带着外孙来参加,他们都冲在了前面,我总不能还不如老人家吧。

不管发生什么事情,都要尽最大努力解决问题。

当下心中有底,任凭雨水肆意倾泻在头发上、身上,心中只有这样的信念:

向上。

前进。

没有路也没关系,脚步所至之处,自会成为身后的路。

我真的是手脚并用、连滚带爬上了山,全身上下湿漉漉的,泥土沾满身,好几次脚打滑差点儿摔下去,向导几次抓住我,我拼尽全力,完全顾不上自己的形象,抓所有东西都像在抓救命稻草。

终于,我们到达山顶,与大部队会合。

这里有我的爱——我的孩子在等我。

刚到山顶，小阔便跌跌撞撞地朝我奔来。我一把将他搂在怀里，我们一同坐在地上，哪管地面湿漉漉的，满是泥泞。

小群那时因为担心我们的安全，给我打了两次电话，在得到明确的答复后，就和带队老师下山了。

小阔哭得震天响，一问是摔了一跤，没受什么伤，但在两位叔叔面前，他强忍着泪水，不好意思哭出来，此刻看到妈妈当然要把委屈发泄出来。

任由他在我怀里肆意地哭着，我轻抚他后背，直到他情绪慢慢稳定，哭声渐渐停止。

我们决定下山。

下山难度大减。

地面宽阔可容几人并行,不过依然湿滑,走几步脚上就能粘上一两斤重的泥巴,怎么甩都甩不掉,不得不找根棍子往下刮。

我捡了路边的两根木棍做拐杖,心中无比笃定,下定决心按照自己的节奏,不追、不赶、不急,慢悠悠地往前走。

小阔有点儿抱怨,哭哭啼啼的。

事实上,如果大人紧张或者焦虑,负面情绪会迅速传递到孩子身上。

我们引导、传递的是什么样的情绪,孩子的情绪就会受到相应的影响。

我故意夸张地甩着脚上的泥巴,紧紧攥着小阔的手,说:"哎呀,这些泥土好淘气呀,就叫它们胖坨坨吧。"

小阔也学着我夸张地使劲跺脚,甩着泥土,大声喊道:"我鞋子上也有很多胖坨坨呢!"

"那等我们回到北京,你要给幼儿园的老师和小朋友们讲胖坨坨的故事呀。它们哪,一直住在很远很远的雨林中，没人跟它们玩。它们没有脚，所以没办法走路，既寂寞又难过。它们每天都在想：要是有小朋友跟我们玩就好了！好想粘在小朋友们的脚上，去看看别处的风景啊。它们等了一天又一天，始终没有人来。"

小阔手心湿润，眉头紧皱，眼睛看着脚上的泥巴，充满怜爱地说道："胖坨坨你们别哭哇，我来跟你们玩啦！"

我们就这样拉着手，与泥土对话，与雨林里的所有植物、小动物对话。走过一路的泥泞，我们几次不小心摔坐在地上，全身滚满泥土，但也放声大笑，觉得是新奇的体验。

我想起日本诗人宫泽贤治的《不畏风雨》中的一段话：

不怕风

不怕雨

不畏寒冬酷暑

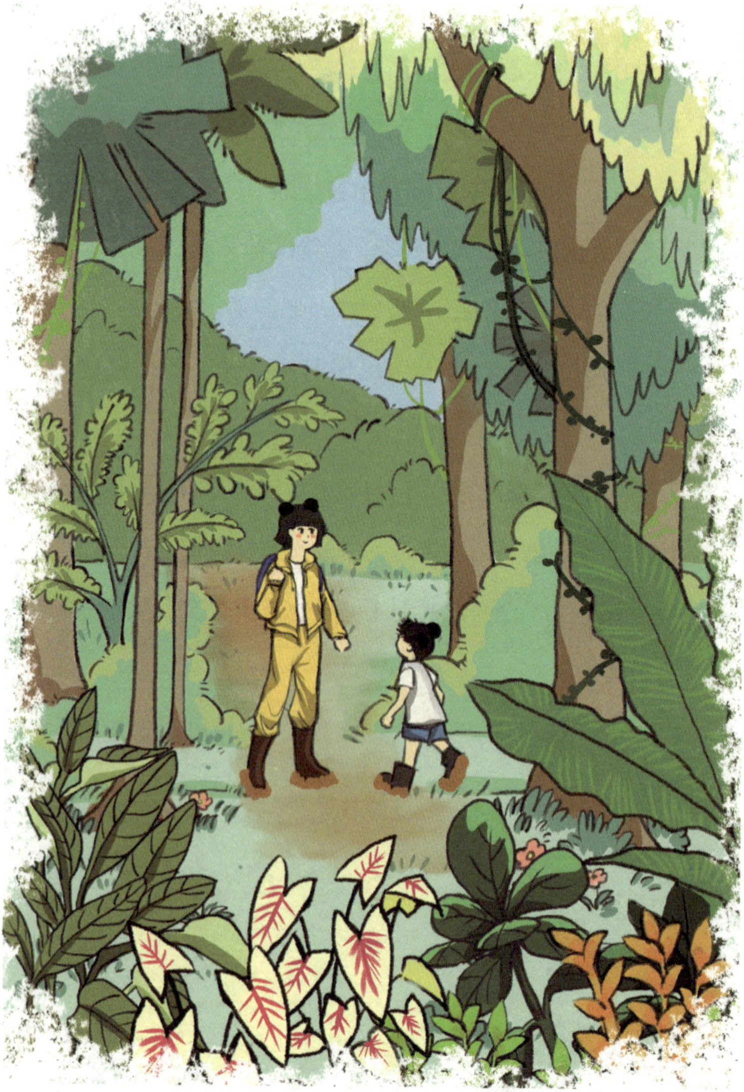

总有强健的体魄

没有欲望

不生气

一直静静地笑着

……

实在太应景了。

但我没有背下全文,做不到和小阔一起放声吟诵。好在小阔因为喜欢奥特曼,几乎能哼唱所有和奥特曼相关的歌曲。我想起有一首主题曲也很应景,于是让小阔教我唱。

下山的路上,视野更加开阔,万木葱茏,枝繁叶茂。我们大手拉小手,放声歌唱:

新的风暴已经出现

怎么能够停滞不前

穿越时空 竭尽全力

我会来到你身边

微笑面对危险

梦想成真不会遥远

鼓起勇气 坚定向前

奇迹一定会出现

……

7

事后，我向王老师提出了我的疑虑："绝大多数的营地，尤其是亲子营，都倾向于规划极为安全的行程，否则营员万一有什么闪失，那麻烦可就大了。你们选择这么难走的路线，会不会有点儿冒险？"

王老师诚恳地回答我："小懒，每个人对困难的定义不一样，我们要学会提升自己面对不确定性的能力。"

我愣住了，脑海中涌动着复杂的思绪。

在我眼中充满了千难万险的雨林之行，对于喜欢各种户外运动的王老师来说，不过是小菜一碟吧。

晚上，张兆博老师问大家对徒步十几公里穿越雨林有什么感受。

那位六十多岁的姥姥说："乘以三或者四，是比较理想的难度。"

我觉得自己被"碾轧"了。

后面还有别的行程。

但有点儿奇怪，我好像变得哪里不一样了。

有一种"我顶着暴雨徒步十几公里穿越了热带雨林，与平庸之辈可不一样了"的莫名其妙的骄傲感。

我想起美剧《极品老妈》中的一句台词：

"我们总是望着眼前的高山，而忘记了曾经攀越过的高山也一样难爬。"

终于明白我的骄傲感源自哪里了。

我攀越了这样一座难爬的高山，那么，不论未来有多么难以攀爬的高山，我一定会想起今天，也一定有着足够的信心和能力，继续征服它们。

而这，就是这次徒步的意义。

回到北京后，我似乎变得更加从容、笃定了，不再动不动就感到焦虑。连朋友也觉得我变化很大。

我以前超级讨厌"一切都是最好的安排"这句话。总感觉说这话的人，是因为无力改变而不得不接受，颇有一种自我麻痹的阿Q精神。

从今天开始，我要把这句话当成座右铭——要学会提升自己面对不确定性的能力。

这个世界不会以我们期待的方式去变化、运转、发展。

但我面对不确定性的能力有很多，且不断增强。

兵来将挡，水来土掩。

我一心向前，你尽管放马过来！

千防万防，
孩子的好奇心最是难防

父母带孩子出游时，视线一刻也不能离开孩子：一是为了孩子的自身安全，防止他因人潮拥挤而走失；二是为了他人和环境的安全，防止孩子因种种原因伤害到他人（比如不小心撞到腿脚不便的老人），破坏环境、公物（这点非常重要，问题可大可小，比如在少林寺的明代石碑上刻画）……

五一假期期间，我们一家选择自驾前往山西，沿途走走停停。尽管我千防万防，没想到还是发生了一个小插曲。逛王家大院时，孩子爸爸带着小群在观赏别的院子，我带着小阔走到隔壁，看到一副对联，非常喜欢。瞥眼看到小阔在台阶上蹦来蹦去，我一时失去了警惕心，迅速拿手机拍下对联。整个过程，最多不超过十秒，真的，我确定没有超过十秒。我拍完照看小阔，他正表情平静地继续在台阶上蹦蹦跳跳。

嗯，一切正常。我很满意。

拍完照，我拉着他的手继续往前走，与孩子爸爸和小群会合。赶上天气炎热，看到有卖雪糕的，我就给俩孩子一人买了一根。小群开心地接过雪糕，痛快地吃起来。小阔却看着我，犹豫了一下，说："妈妈，你等我把嘴里的糖吐出来。"

就在那一瞬间，我以为我听错了，立马问道："啥玩意儿？你你你，哪里来的糖？"我和孩子爸爸两人大惊失色。我确认我和孩子爸爸都没有给他糖吃。就在我的大脑飞速运转，推测着何时何地何人给他糖时，他却眨巴着眼睛说道："就是刚才你拍照时，我从地上捡的呀。"

我吓得几乎肝胆俱裂，手忙脚乱地从背包里掏出矿泉水瓶，跟小阔说："你你你，赶紧把糖给我吐出来，赶紧漱口。""哦，好。"小阔答应得非常痛快，接着张开嘴，竟真的从嘴里吐出了一小块亮晶晶的糖。那颗糖不知道被他含了多久，已经快含没了，只剩下半个小指甲盖儿那么大。这颗糖也没有糖纸，估计是谁没吃完就吐到地上，被眼尖的他发现了。小阔发现了之后也没声张，偏巧我在拍照，他眼疾手快地就直接放到了嘴里。

我简直要泪流满面。

可能有人要说："你是不是没有给小阔做过类似的教育：掉在地上的东西，不能吃。"

有人又会说："你是不是严格控制小孩儿吃糖，导致他对糖特别渴望，才捡地上的糖吃？"该做的、该教的，从讲绘本、读故事，到每日的亲子交流，我自认为做得很到位，包括糖的供应量也是足够的。

只能说千防万防，谁能想到有人往旅游景点的地上吐糖。左看右看，老母亲也难敌好奇心重的孩子从地上捡糖吃。

事后，我再次通过绘本、故事，甚至自己编的情景剧（由家人饰演不同角色）等方式，向小阔讲述了为什么不能从地上捡东西吃的道理。小阔表示以后不再这么做了。

即便如此，我以后也不想让他亲我的脸了。我觉得，我有点儿"嫌弃"他了。

关于商场里的
紧急按钮

如果家里有幼童，一定记得告诉他："在外面，看到红色的紧急按钮，不要乱按。"

有一次去商场，小阔说要尿尿，我便带他进了母婴室。在我低头洗手的工夫，他以迅雷不及掩耳之势，伸出小手按了马桶旁边的红色紧急按钮。

我还没反应过来，尖锐的警报声已经响彻整个商场。

嘀呜——嘀呜——嘀呜——

嘀呜——嘀呜——嘀呜——

嘀呜——嘀呜——嘀呜——

我吓得魂飞魄散，飞奔过去想要取消，未果。接着

28

门外响起了剧烈的敲门声。

看着闻声赶来的工作人员(包括且不限于保洁、值班经理),我牵着"熊孩子"不断鞠躬道歉。

看着这阵势,小阔也吓坏了。我安抚一番后,又心平气和地对小阔进行了安全教育,解释那个紧急按钮是做什么用的,在什么样的紧急情况下才可以按。

整个过程中,他吓得一直抓着我的手说道:"妈妈,你别碰!你不要碰!"

我把他抱在怀里,说道:"知道了,宝贝。我知道你不是故意的,你吓坏了是不是?""嗯。"他回答。

他缩在我怀里说道:"我以后不按了。"

"遇到紧急情况是可以按的,但我不希望有什么紧急情况。"

他皱着眉头,还是很紧张,看来确实被吓到了。我也有一些被吓到的感觉,因为小阔给别人带来了麻烦。

我们又多抱了一会儿,直到可以从容地继续逛商场。

"熊孩子"的"学以致用"

现在的小孩儿实在太聪明，他们非常擅长"学以致用"，能够轻易地用刚从成年人那里学到的规则来"打败"成年人。

有一天，我把小阔从幼儿园接回来后，他让我给他讲绘本。当讲完约定好的最后一本时，小阔反悔了，要求我继续讲，被我拒绝后，他气得对我又踢又打。几乎每个小孩儿都会有这样的成长阶段——用打来表示反对的态度。家长不要一看到小孩儿动手，就给小孩儿贴上"坏孩子"的标签，要进行正确的引导。

我慢慢安抚小阔的情绪："我拒绝了你，你很生气是不是？可我不同意你这样对我，你也没权利这么打我。"

他呆呆地看着我，愣了几秒后继续对我又捶又打。我抓住他的双手，说道："你知道吗？当你这样做时，其实你的心里住了一头情绪小怪兽，它正在蹦蹦跳跳，煽风点火，它说：'快去打你的妈妈，去伤害她，让她受伤，让她痛苦。'你确定要听它的话吗？"这话对小阔来说起作用了，他的眼圈都快红了。"妈妈知道，你并不想伤害妈妈，你只是现在没办法处理愤怒的情绪。"我放慢语速，"你愿意让我把情绪小怪兽从你的胸口抓出来吗？"他点点头，有点儿迫不及待地说："妈妈，你快点儿，快点儿帮我把情绪小怪兽抓走。"我伸出右手，在他胸口飞快地抓了一把，嘴里念念有词："小怪兽你哪里逃，看我怎么收拾你！"接着快步走到卫生间，将攥紧的拳头对着马桶使劲一甩，盖上马桶盖，冲水。小阔看呆了。

我暗自得意，重新走到他面前说："你现在情绪稳定了吗？"他点点头，向我道歉："对不起，妈妈。我刚才不应该那样对你，我现在好了。我可以去玩了吗？"

孺子可教也，小孩子就是"好骗"。

我在沙发上玩手机，不知过了多久，发现客厅的地板上堆满了花生米，撒豆子似的，毫不夸张，满地都是。还有大小不一、颜色不同、各种牌子的玩具汽车、货车、混凝土搅拌车、挖掘机……散落在各处。而小阔抓着一溜儿磁铁小火车，让长长的火车碾过一粒粒花生米。

小阔一边"开火车"，一边配音："哐当——哐当——呜——呜！哐当——哐当——呜——呜！"我默默地看着，过了很久，捂住胸口，开口问道："宝贝，你，你，你一会儿会把它们归位的吧？"

他甚至都没抬头，继续跪在地上玩着小火车，说道："妈妈，不关我的事呀，这都是情绪小怪兽做的。你去找它，让它归位吧。"

肺都要气炸了

孩子们仿佛天生有一种能把成年人的肺气炸了的本事，小群也不例外。四年级开学前夕，小群的班主任换了，听说是从六年级新调来的数学老师。班主任在家长群里发布了一则开学须知，详细列出了学生们需要准备的学习用品，包括本子、美术用具等。最后，叮嘱家长们一定要给本子包上书皮，不然本子很快就会被弄得皱巴巴的，孩子们写起字来歪歪扭扭的，会影响孩子们的书写体验及作业质量。

我有一个刻骨铭心的教训：老师交代的事情，比如穿校服，戴红领巾和小黄帽，带舞蹈鞋和学习用品等，家长务必要督促孩子完成。配合老师的工作，管好自家的孩子是必须的，特别是被老师提醒过两遍的事，就更要督促孩子完成。

于是，开学前一天，我领着小群去了我家马路对面的文具商店，进行统一采购。除了六个中号的书皮他要求自己拿着以外，其他的文具我都装在一个塑料袋子里。他一路蹦蹦跳跳，路过水果店要吃西瓜。买完西瓜他要拎着，然后我们往家走。突然，他停下来，一拍脑袋，说道："呀，妈妈，书皮落在水果店了。"我责备了他两句，语气也不重，只是叮嘱他日后一定要记着，说完我们就回去拿。果然，那几个书皮在水果店的西瓜堆里。我拎着西瓜和各种文具用品，等他拿了书皮，一起再重新穿过马路回家。

回到家以后，他主动提出要自己包书皮。说起这书皮，和我们小时候又剪又量，利用旧挂历等材料制作的书皮不一样，现在的书皮大多是塑料材质的，只需将书本直接套入即可，操作起来非常简便。

晚上八点，小群包完书皮后，提出要看一会儿电视，我答应了。看电视时，他和弟弟吵吵闹闹，大概是因为第二天就要开学，小群显得格外兴奋。想到以往开学时，他常丢三落四，不是忘带文具盒，就是落下书本，我有些不放心，便顺手要检查他的书包。他突然喊道："妈妈！""怎么了？""别动我书包哇！"说完，他若无其事地继续看电视。

凭借我多年的经验，这件事准有猫儿腻！这已经不是第一次了，之前每次我让他检查第二天要用的文具和课本有没有带齐，他总是说带齐了。结果却是缺这少那，要么没带语文书，要么忘带跳绳……每天都"忘"出新花样。所以，我还是打开了他的书包。

究竟发生了什么，让他如此警惕，不让我碰他的书包？其实也不是什么大事。按理说，小群应该把六个中号的书皮都包好了，可事实并非如此。在他的书包里，我只找到了两个包好的本子，剩下的四个本子都光溜溜的，没有书皮。

我把他叫过来问怎么回事，他不情不愿地说丢了。"你不是从水果店里拿回来了吗？"他把头歪向一边，说："是拿了，但是到家里就只剩下两个了。"我强迫自己冷静下来，继续问他："既然你包书皮时发现只剩下两个了，为什么不跟我说？我们还可以回去找，或者再去文具店买。但你没有，你平静地看电视，平静地跟弟弟玩。你是怎么想的？""能怎么想？"他吸吸鼻子说，"怕你骂我呗。""你不说，我就不骂你了？""嗯，只要你没发现，这事就没发生。""你怕告诉我以后，我责备你，所以你不想说，宁可被班主任批评，也不想我骂你，是吗？"他点头。"没关系，我希望你下次告诉我，我不会责备你的。我们可以讨论一下，怎么样才不会把书皮弄丢。比如，你可以拿个塑料袋，把书皮装在里面，这样就不会丢了。"

不是责备他，而是理解他，告诉他避免错误再次发生的方法。我掐着自己的大腿，这样想着。我没有生气，他有些惊讶。仅仅因为忘记拿书皮，他就害怕我责备他，而选择了不告诉我。我无法预测未来会发生什么更重要的事情——绝对需要爸爸妈妈给予支持和帮助的事情，他会选择自己处理和消化，决不告诉我。原生家庭的影响，性格的培养，人格的塑造……如一座座高山压着我们这一代父母。在新的时代，我们也要更新教育理念，摸索新的教育方式。

想到这里，我努力挤出笑容，真诚地、发自肺腑地说："儿子，别担心，妈妈不生气。书皮哪有你重要。"

他舒了一口气，如释重负。我们拉着手再次穿过马路，到对面商店买书皮。结果意外发现，那不见的四张书皮依然在水果店的西瓜堆里。原来是小群着急走，没清点数量，拿起来就跑了。水果店老板对我很热情，以为我这个"大客户"又来买水果了。拿到书皮往家走时，小群的心情格外愉悦。

而我在这个晚上，因为书皮，在这条街道上往返了三次。我也感到"心情愉快"。

番外篇

妈妈的崩溃

妈妈的崩溃真的只在一瞬间。在回北京的飞机上,我险些崩溃。当时飞机正在下降,还有五分钟就会落地,窗外是明晃晃的灯光。卫生间全部停止使用。广播里还在通知"请系好安全带,不要站起来行走"。小阔突然说:"妈妈,妈妈,我马上……"我心一惊,问道:"如何?"

他艰难地开口说:"我马上就要拉裤子上了。"我脑袋嗡地一响,问他:"还能忍忍吗?马上,马上就要落地了,你忍忍!"

"妈妈,"他咬着牙说,"我怕是憋不住了。"

啊——

所有的衣服都在托运的行李箱中,空乘人员都在各自的座位上,我是让他直接拉在裤子里,还是站起来去找空乘人员开卫生间？在这个关键时刻，他们会理我吗？卫生间能开吗？整架飞机马上就要弥漫一股子屎味儿了。我要迎接所有同机乘客或同情或嘲笑或幸灾乐祸的目光了吗？天哪，我要疯了。

　　不要慌！下了飞机再去卫生间清洗，没什么可怕的。我正给自己做心理建设，只听小阔扑哧一笑："嘻嘻，妈妈，我逗你玩呢。"

番外篇

关键时刻

　　小群默写生字,昨天还会的字,今天又不会了,错得很离谱。

　　我问他这是怎么回事,他趴在桌子上,挤眉弄眼地说道:"妈妈,你不知道吗?我就是这样一个在关键时刻'掉链子'的孩子呀。"

我就是这样一个在关键时刻"掉链子"的孩子呀。

照顾好自己，宠爱自己，满足自己，及时地表达自己的需求和感受……是我们现在以及将来都必须拥有的美德。

第二章

先爱自己，其他的以后再说

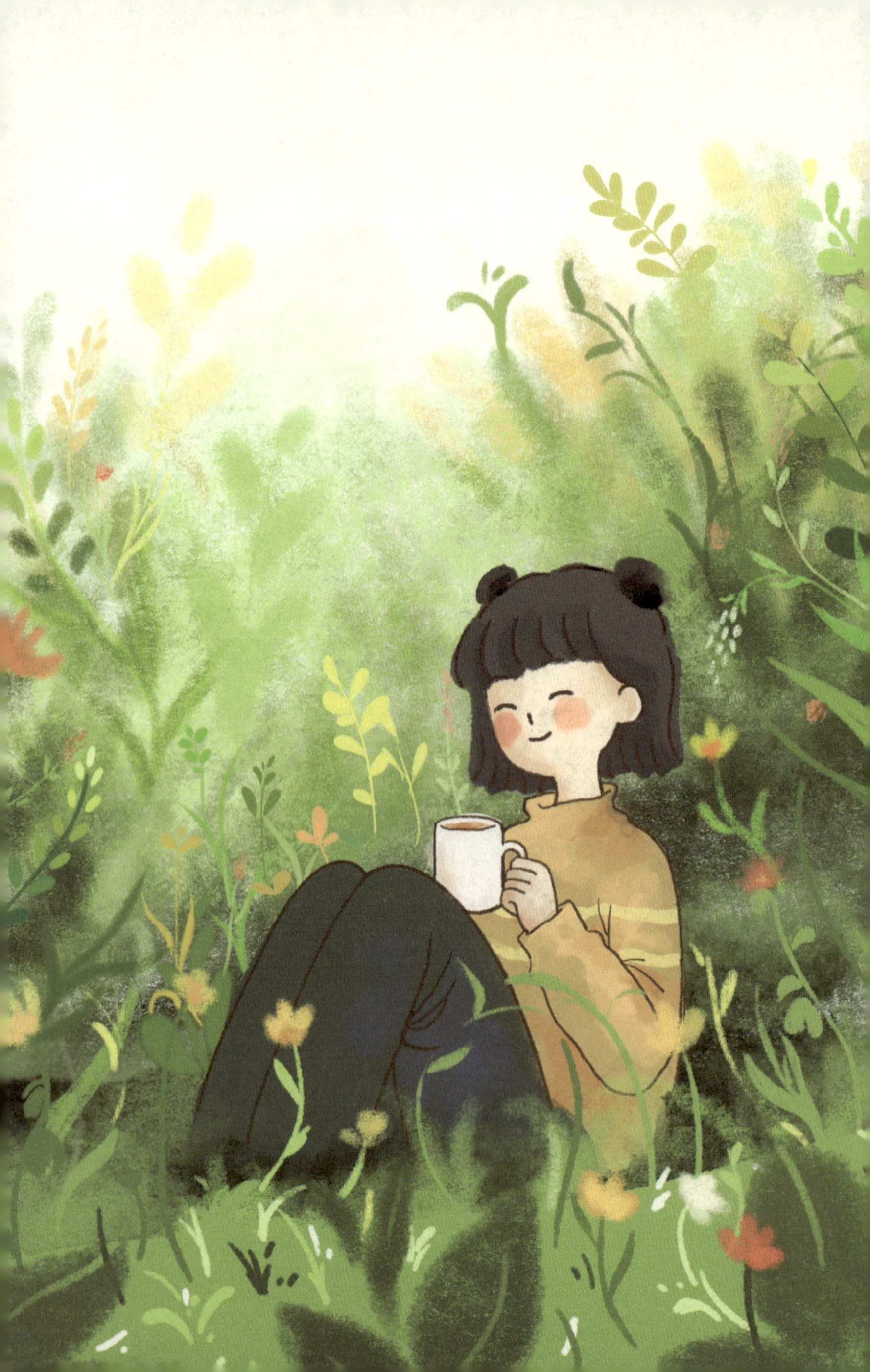

牺牲和隐忍并不是美德

她们并不是刻意想要折磨我,要我吃苦,让我一晚上起夜十几次。

只是当初她们为了让自己能够熬下去,不得不欺骗自己:所有的隐忍和牺牲都是"美德"。

久而久之,她们真的以为那些确实是美德了。

可我想告诉她们:吃苦不是美德,牺牲不是美德,隐忍也不是美德。

照顾好自己,宠爱自己,满足自己,及时地表达自己的需求和感受……是我们现在以及将来都必须拥有的美德。

1

你很难相信,曾经在养育孩子的过程中吃过很多苦的妈妈或者婆婆,并没有因为当年她们吃过同样的苦,就会让自己的女儿、儿媳妇,少吃一点儿同样的苦。

在我生完小群还不到一年的时间里,我妈就要求我不要再给孩子穿纸尿裤。她给的理由有很多,其中最重要的一点是我每天晚上多起来几次,给孩子把把尿,就可以了。这样能省很多纸尿裤,加起来也是一笔不小的费用。我妈又说:"我们那时候根本没有纸尿裤,一晚上起夜十几次都是有的,当妈的都这样嘛。"

当时的我没有经验,为了照顾孩子已经心力交瘁,虽然隐隐觉得哪里不太对,但在我妈一次次地唠叨和坚持下,也就再也不给小群穿纸尿裤了。小群直到三岁多,即便睡前去厕所,半夜还是会尿床。

两年多的时间里,我总是睡得不够安稳,因为小孩儿睡觉不踏实,总是会哭闹,冷了、热了、饿了、尿了、拉了、做梦了、白天吓着了、睡前玩得太兴奋了……他都会哭。还因为我心里总装着事,一直担心他会尿床,从来没有睡过完整的觉,一个晚上起夜十几次也是有的。

在我生完小阔后,我妈同样表现出了这样的坚持。我开始困惑,不知道她为什么要这样执着。

好的纸尿裤确实一片要几块钱,但以我目前的经济条件,负担纸尿裤的费用还是没问题的。比起省下来的纸尿裤的钱,我的睡眠、我的身体健康就不重要吗?我也是个人哪。我也想像个正常人一样,睡个完整的觉。更何况,除了照顾孩子,白天我还要工作,要写稿。

2

我小时候,由于纸尿裤尚未广泛普及,加上经济条件有限,在当地难以购买到。尿布通常是用大人们不再穿的衣物、床单等改制而成的。比起如今能轻松购买到各种品牌、尺码，材质多样且舒适度极高的纸尿裤的妈妈们，那个年代的妈妈们在照顾孩子的过程中，无疑要面临更多的不便与辛劳。

一代又一代的妈妈们，就是这样度过了无数个夜晚：她们常常在睡梦中被一股尿味儿唤醒，或者察觉到身下一片湿漉漉后惊醒。是的，孩子又尿了或者又拉了。她们不得不强忍困意，要么起身洗洗涮涮，躺下没多久又得起来，如此循环往复；要么隔一两个小时就要把熟睡中的孩子抱起来把尿，只因为担心孩子又会尿床。

而如今，在小超市、小卖部都能买到纸尿裤。

曾经在这件事上吃过那么多苦头的妈妈们，为什么还会建议自己的女儿、儿媳妇继续沿袭着之前的做法呢？

和朋友们聊起这件事，发现她们也有相似的经历。这让我想起孩子的奶奶曾经对我的抱怨。那是在八九年前，有天晚上，孩子的爷爷喂小群喝了太多的椰子水，小群即便穿了纸尿裤，还是尿了两次床，被褥都湿透了，孩子奶奶不得不拿到户外去晾。

孩子奶奶几次问我:"为什么不试着在半夜多醒来几次,给孩子把尿呢?这样被褥就不会湿了。我们那时候都是这样的呀。"

我可以理解海南比较潮湿,衣服很难晾干,她担心我们没有干燥柔软的被褥用,但当时我的感受是好像在她的眼里,我的睡眠一点儿也不重要,当了妈妈以后,女人就不配有完整的睡眠。

而她,和我妈妈一样,麻木地认为这些都是女人的事情,和孩子的爸爸似乎没有什么关系。

3

在不得不用尿布的年代里,我的妈妈和我的婆婆,我那些朋友的妈妈、婆婆们,肯定在持续几年以上的时间里，没有睡过完整的一觉。甚至久而久之，新的生物钟逐渐形成，孩子已经不尿床了，她们依然无数次在深夜中仓皇醒来。

我能够理解她们，真的，她们一定很辛苦、很劳累。但为什么，即便在多年以后有足够的条件可以改善这种情况了，却也要求我们——她们的女儿、儿媳妇，吃同样的苦呢？这个问题长时间困扰着我，让我百思不得其解。直到最近，在和我妈闲聊时，我终于找到了答案。

我妈无意间提起我小时候的事。那时，我爸隔三岔五不打招呼就邀请客人来家里吃饭，我妈不得不拿出像样的饭菜招待。我爸是下乡知青，没有返乡，选择了与我妈结婚直接在当地落户。在我读小学三年级之前，家里经济条件都比较差，我更是时常食不果腹。

在那样的条件下，有客人来，我妈只能东借西借。客人走后，家里的一日三餐基本上都是玉米面、高粱米、咸菜。我还记得那时我常喊肚子饿，我妈总是没好气地回我："饿了你就喝水。"

多年后,我妈还清楚地记得我当时的窘态:"你当时那么小,哭着跟我说:'可是妈妈,喝水越喝越饿呀。'"她讲起这件往事时,眼圈泛红,"我也经常吃不饱,客人在时,筷子都不敢动,客人走了,就剩一点儿菜汤和米汤,胡乱喝上几口。你爸又爱喝汤,吃完了菜,常常把汤也喝了,从来没想过自己的老婆还没有吃饭。"

我爸在旁边默不作声地听着。我妈又说:"我为了这个家做出的隐忍和牺牲,你根本不知道。""是,是,是。"我爸在旁边拍着马屁说,"你最伟大了,没有你,就没有这个家。"我妈破涕为笑,话题很快也就结束了。

4

我就是在那一刻突然想清楚的。

我曾无数次看到我妈抹着眼泪,讲述我爸在外地工作时,只肯把工资的三分之一给她,而那些钱需要养活全家；我也曾听她讲起生产队规定轮流按时给农田浇水，轮到我家时已是凌晨两三点，我妈要熬夜干活儿；我还曾无数次听她说起刚生完我没几天便要做饭，操持家务，要给我爸端洗脸水，她的双手刚放进盆里便被冰冷刺骨的水给冻得缩了回去……

但凡问起那个年代的女性，绝大多数都会有一部"血泪史"。她们真的太苦、太苦。

所以她们告诉自己，在漫长的婚姻生活里，那些被迫做出的隐忍和牺牲，也许是一种"美德"吧。

当年那样，我都熬过来了，是不是？那都不是人过的日子呀，可我做到了。你们看，我多厉害，我多伟大，我多优秀。所以，当她们要求我们也那么做时，那些坚持里或许带着对过往的埋怨——不只是对她们那些难熬的日夜的诉说，更是深埋多年却无人理解的委屈。

5

所以,她们在要求我不给孩子穿纸尿裤时,语气中往往带着一丝炫耀与自豪:"当年我可以做到一个晚上起夜十几次,你为什么不行?"

她们并不是刻意想要折磨我,要我吃苦。

如果我没有成为一个妈妈,我想,我也体会不到这些。

曾经,我总觉得妈妈们太过矫情,都过去多少年的事情了,都多大年纪的人了,都讲了多少遍了,怎么提及当年往事还是会一把鼻涕一把泪呢?

可是,成为妈妈后,我开始懂了。她们为了让当年的自己能够熬下去,强迫自己相信,所有的隐忍和牺牲都是美德。

久而久之,她们真的以为那些确实是"美德"了。

当然,那其中可能还有着对自己"寡妇式育儿"和丈夫长期失职的怨念和绝望,知道他们不会改变,慢慢地便认为，育儿过程中的一切，都是女人的责任——"我们当时都是这么过来的呀"。

不，不是的。那一切，不是理所应当，更不是美德。她们被亏欠的已经够多了，就让我帮助她们，踹翻这道欺骗自己不得不做出隐忍和牺牲的"美德屏障"吧。

6

我希望所有的妈妈，不论是上一代，还是我们这一代，都不要再继续隐忍和牺牲了。

我希望大家可以"自私"一些，再"自私"一些。有好吃的自己先吃，没必要非要留给丈夫和孩子们。甚至，有觉得好吃的，就一个人吃独食。想买漂亮的衣服，马上，立刻，一秒都不能等地飞速下单、付钱。不要老想着攒钱，将来留给子女们。自私一些，我们想买什么就买什么，不要犹豫。

在育儿过程中，过度付出的妈妈们不要总是体谅丈夫——他太累太困了，反正也叫不醒，那就我一个人换纸尿裤、冲奶粉吧……不，叫醒他，实在不行，把他骂醒。孩子是两个人的，他理应也必须承担作为丈夫和父亲的责任。

我想说，吃苦不是美德，牺牲不是美德，隐忍也不是美德。

照顾好自己，宠爱自己，满足自己，及时地表达自己的需求和感受……是我们现在以及将来都必须拥有的美德。

这是我的决定，
不要试图说服我

之前看到很多人在讨论"讨好型人格"给自己带来的苦恼和种种弊端，其实我发现还有一种现象，同样值得关注：过于忽略，甚至完全漠视自己的感受。

这似乎并不属于讨好型人格。他们在做出那些违心的选择时，并不是为了讨好谁，而是习惯了长期漠视自己的需求，以至于在对外的整个相处模式中，很少考虑到自己的真正感受。

这或许与一个人幼年的成长环境有关——从小到大，始终没有人真正将他的需求置于第一位。

所以慢慢地，他也选择了无视自己的需求。

当对方的提议、决定或言论令我们感到为难、被冒犯乃至委屈，内心充满矛盾与痛苦时，只要对方展现出强势的态度，或采用讨好、哭穷等策略，我们往往会轻易妥协。

我们不禁会暗自思量：唉，算了，那就这样吧。退一步好像也没什么。对方可能很为难吧。哎呀，也许人家说的是对的呢。

对方那么强势、自信，也许真的很厉害，真的有道理。

是不是我自己的问题？我太较真了吗？我太自私了吗？是不是我太让人为难了？

啊，对方好惨，实在是可怜，那就帮他一个忙吧。

啊，太不忍心了，再坚持下去我就是罪人了吧？

如果我坚持的话，对方会不会彻底翻脸呢？唉，这样不好吧，以和为贵呀。

……

在一次次的始终考虑他人、忽略自己感受的决定中，一次次错失自己的利益和尊严,甚至可能连那份对自我的信心也逐渐被消磨。

多年来,我一直都是如此。

有些人会对我说:"苏老师,拜托您了,我最近真的很难。"

"您就当帮我一个忙!"

"哎,你就克服一下嘛,委屈一下。"

"你这么决定肯定是不对的,我们的方案才是……"

我做过很多将自己的利益和感受放在别人之后的决定,大大小小的都有。

有一段时间,我不断地反思自己,为什么把自己搞成了这个样子。

我们总说,要对自己好,要多考虑自己的感受。

那方法呢?

我最近好像找到了。

一旦对方的要求或者言谈让我觉得为难、犹豫、不舒服、矛盾、纠结、痛苦、慌乱、不安……就把这些情绪想象成在空中扑腾乱飞的小鸟，而我只要伸出手，就可以抓到它们。把它们抓到自己的口袋中，然后说出自己真正的想法：

"对不起，我不想。"

"我拒绝你。"

"不，我不同意。"

"你冒犯到我了。"

"我感到很不舒服，你让我为难了。"

"不行，我非常坚持。"

这种感觉太好了。

有一次，一个很多年没有联系的朋友突然邀请我去她家做客。虽然那几天有很多事情要处理，而且她离我家的距离特别远，但在她说只邀请了我一个人的情况下，我还是勉强同意了。

没想到，她迅速组建了一个聊天群，里面竟然有十几个人，而且其中绝大多数都是我不认识的。

倘若是在过去，我或许会这样想：既然已经答应去了，那就去吧，毕竟她的态度是那么诚恳与真挚。

但这次，我冷静下来，决定抓住那只让我不安的"小鸟"，直接回绝道："不好意思，我不去了，我目前没有什么精力应付其他陌生人。"

她随后又列举了很多理由，比如多结交些朋友的好处，并劝我不要总是宅在家里，甚至将话题上升到"作家就是要体验生活和接触不同的人"的层面……

如果我选择做某件事，那一定是因为我由衷地感到快乐，并且是发自内心的主动选择。

眼下的这只"小鸟"已经被我放入口袋。

"不了，这是我的决定，不要再试图说服我。"

啊，真开心。

挂了电话，真是一身轻松。

尊重自己的感受，抓住每一只在空中扑腾的"小鸟"真好。

练习如何拒绝他人

小阔每天早上都会献宝似的,用蜡笔画些花儿塞到我怀里。那些花儿有长长的枝条和大大的花瓣,虽毫无绘画技巧可言,却带着孩子独有的稚拙风格和热情。

每次出去玩,小阔总会从路边拾几块小石头,回家献宝似的塞到我怀里:"妈妈你看,宝石!都给你!妈妈你可真漂亮啊!你是天底下最好的妈妈了,我最爱你了。"

这谁受得了?

有一次,我又收获了一堆脏兮兮的小石头,心里突然起了一个念头,想要"刁难"他一下:"宝贝,你可以把你最喜欢的奥特曼给我吗？"

小家伙愣了几秒，显然没想到我会提出这样的要求。沉默几秒后，他把奥特曼抱在怀里："这是小孩儿才喜欢的东西呀。"我忍着笑："可是偶尔我也可以喜欢一下呀，你可以送给我吗？"

他不情愿地把奥特曼递给我："行吧，给你。"我没有接，而是蹲下来认真问他："你是不是不想把它给我？"

他点头。

"那你可以拒绝我的。"

"为什么？"他皱着眉，有些不解。

"因为这是你最喜欢的奥特曼哪，任何人跟你要，你都可以拒绝的，包括妈妈。这是你的权利。"

"真的吗？我可以拒绝吗？"

"是的，你试试看。你说：'这个我不能给你。'"

他跟着学："这个我不能给你。"

"好的，"我高兴地说，"我接受你的拒绝。"

小家伙很高兴，摆弄着奥特曼的两条腿说："可如果有人在我拒绝以后还坚持要呢？他如果缠着我，跟我说'给我吧，给我吧'，我要怎么办呢？"

"这样啊，那么你可以很坚定地说：'我已经明确地拒绝你了，我不给。'"

"而且，"我补充说，"如果一个人明明知道这个东西是你最喜欢的，却依然朝你要，这种行为可不太礼貌，也说明他不是你的好朋友。"

小阔似懂非懂，又问我："那如果我不给他，他说要跑到咱们家把它偷走，怎么办呢？"

"如果他这样说，你告诉他：'我不怕，我家里有爸爸妈妈在，锁着门，你偷不走。'"

"那万一他趁我们不在时偷偷溜进来呢？"

"如果他真的这么做了，那是违法的，叫入室盗窃，我们可以报警，警察会赶过来处理，有可能会把他抓走，并把东西还给我们。"

"噢！"小阔松口气，"我知道啦，妈妈。那你以后不能要我最喜欢的奥特曼，我会一直、一直、一直拒绝你的。"

似乎担心我会伤心,他跟我贴了贴额头,用湿漉漉的小嘴亲了亲我的脸,说:"妈妈,但是我答应你,我长大以后,给你买很多你喜欢的连衣裙、项链、宝石、耳环、戒指!"

"好哇!"我把小阔搂到怀里,"那就这么愉快地决定啦!"

同样的问题问十二岁的小群,则是另外一种情形:

"小群,如果你的好朋友要你最喜欢的虎式坦克,你会给吗?"

"不可能,我的好朋友不会提出这么没分寸的要求。"

"那万一提了呢?"

"即便提了我也不给,除非等价交换。"

"那如果对方没有等价的玩具和你交换呢?"

"那就跟他说,给我一个亿也行。"

我是在三十岁以后才逐渐学会坦然地拒绝他人,并且心中不再有任何愧疚的感觉。我以前总是忽视自己的感受。无论面对怎样的状况,始终保持着好脾气,对一切都选择包容忍让,甚至惯于沉默应对,结果不知道吃了多少亏,心里真是憋屈。

这些经历中,既有物质层面的失去,也不乏在时间、机会等方面的损失。比如,曾经我请全班同学签了名的乒乓球,初恋男友送的布娃娃,还有那些不情愿却仍长期熬夜加班的日子,以及被哀求后拱手相让的职位……这些都成了我午夜梦回中时常出现的不甘和遗憾。

拒绝他人,跟培养良好的价值观一样,都要从娃娃抓起。

六个月减重三十斤，
科学维持不反弹

我真的不想再胖下去了。

为了爱自己的人和自己爱的人，我想变得更健康。

尤其为了孩子们，他们是我最大的动力。

1

说实话，生完孩子后，我的体形发生了巨大变化。这种变化不单体现在体重秤上攀升的数字，更是肉眼可见的"膨胀"：脸大，肩宽，背厚，胸肿，腰肥，腿粗……肚子鼓得像里面还怀了一个宝宝似的。胯部的变化也极为明显，身形显得格外臃肿。

之前的衣服都穿不进去了，只能买最大码的。买衣服时，我开始在网店搜索"加肥、加大、显瘦"之类的关键词。

这样说听着有点儿夸张，但情况也许比我描述的还要严重。

产后恢复是件很难的事情。

至少在我们小区里，我见到的妈妈们，她们生完孩子后的体形不仅更宽，还更为厚实，仿佛整个人都"膨胀"了一圈。我身边很少有普通人能在生完孩子后，像那些女明星一样，看起来就像没生过孩子似的，还能保持那么完美的身材。

普通家庭的妈妈们没有明星的种种便利条件，得不到同样的支持，甚至对有些人来说，每天照顾孩子已经身心俱疲，终于闲下来一会儿时，只想大吃大喝。

更让我难以承受的是自信的崩塌，以至于不想见人，尽量缩小自己的社交圈，不想听到任何人说"哎呀，你胖了"，或者"其实，也不算胖了"。我身高170厘米，高个子有在视觉上显瘦的优势，但当朋友用善意的谎言安慰我时，我心中比谁都清楚自己胖到什么程度了。除了这些，我的身体状况也不容乐观，甚至当时已经被诊断为中度脂肪肝了。

我通常只能选择节食或者运动来减肥，但节食对我来说太难了。生了小孩儿之后，身体和精神上的损耗都非常大。虽然有阿姨和父母帮忙，但很多事情妈妈是无法缺席的，我同样要投入很多精力在育儿上。

对于我来说，除了全身心照顾孩子，还得写稿。因为要照顾孩子，我每天的时间被零碎的事情分割得支离破碎，导致没有持续而充足的专注力。

如果我在饮食方面的摄入还要进一步减少，我可能会感到极度不满足，进而陷入抑郁的情绪之中，甚至产生厌世的念头。

2

那么，就只剩下运动了。

在运动方面，我走了很多弯路。一开始，我以为只要少吃点儿，然后去附近的公园散散步就能达到瘦身的效果。后来，我又觉得只要去健身房锻炼就行了。结果，我辛辛苦苦折腾了一年多，才减了六斤。可是在过年期间，我没能控制好饮食，之前减掉的体重又全部反弹回来了。

所以，我到底是怎么减下来的呢？

第一，我选择去正规的健身房，请专业的健身教练进行指导。

这点很重要。教练针对我的情况，做了一个完整的减脂减重计划，并对饮食与运动量进行了全面、合理的规划。我下决心减肥时，单纯地想，如果每天都去健身，一定可以瘦得快。但教练说这样身体会吃不消，而且可能会出现比较严重的皮肤松弛的情况。

所以我就改成每周一、三、五去健身房锻炼，每次去都会练不同的身体部位。教练还给了我一份食谱，让我按照上面的内容自由组合。饮食真的是很重要的一环，只要是入口的东西，我都要拍照片，然后发给教练，他会告诉我哪些绝不能吃，哪些应该少吃，哪些可以多吃。有时候，我也偷偷吃冰激凌、月饼、面条和包子这些热量比较高的食物，但只要一称体重，马上就会露馅儿。

我的教练既严格又认真，而我确实也比较适合这样的教练。每次我到了健身房，第一件事就是称体重，教练如果发现体重没减，就会检查我之前发给他的食物照片，一旦发现"破绽"，他就会增加我的训练强度。当我累得几乎爬不起来的时候，就会格外珍惜在运动上已有的付出，这让不够自律的我开始变得自律起来，也更加诚实地面对自己的饮食和训练，真的做到了"迈开腿、管住嘴"。

之前的教练几乎不管我吃什么，所以后来勉强减掉的六斤，完全是因为我少吃了几顿达成的。

现在可不一样了。慢慢养成习惯后，我每天按照食

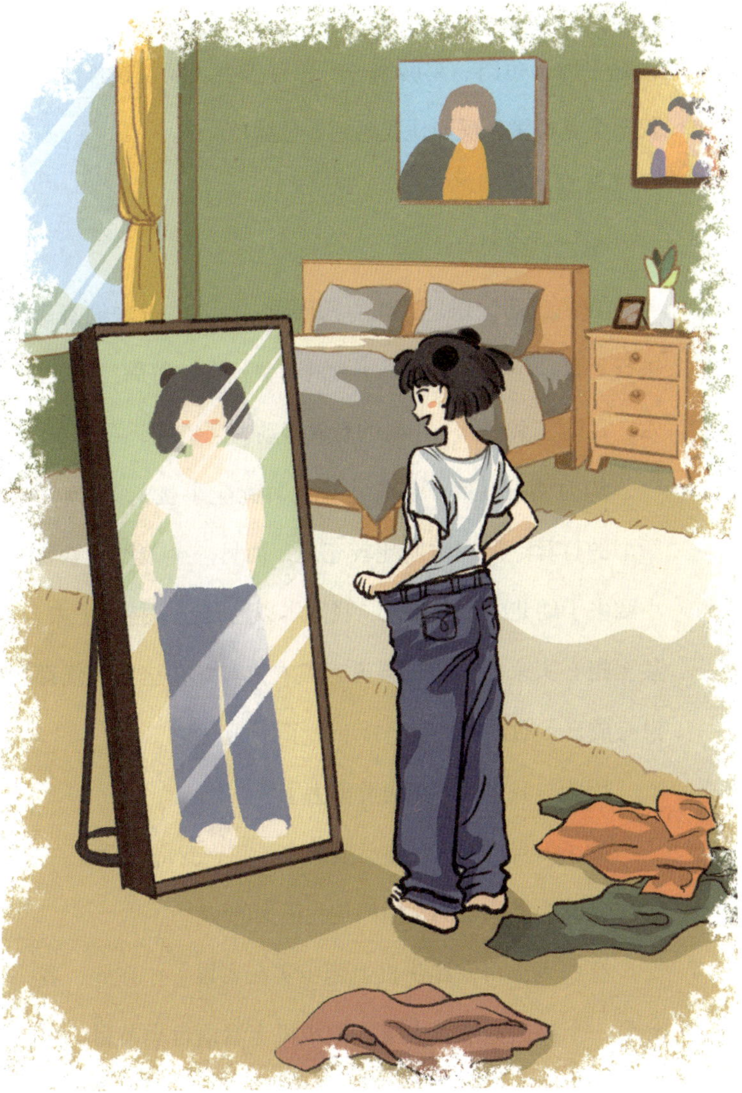

谱吃牛肉、鱼肉、鸡胸肉……还有各类蔬菜。这样吃不仅不会觉得饿,反而让我感到十分满足。

这是教练的重要性。

第二,要对自己狠。

我的运动计划是这样的:每周一、三、五去健身房进行力量训练,并加上一小时的有氧运动。每周二、四、六、日则在家进行一小时的有氧运动。

当时刚好写完了长篇小说《耳无尘事扰》,没有写新书的打算,所以时间比较充足,而另一个关键因素是小阔去了幼儿园。老实说,我原本以为自己坚持不下来,甚至担心买来的跑步机会沦为晾衣架。好在这些担忧都没有成真,朋友们,我坚持下来了。

因为,我真的不想再胖下去了。

为了爱自己的人和自己爱的人,我想变得更健康。

尤其为了孩子们,他们是我最大的动力。

有些人觉得在跑步机上跑步实在太累了。在此,我分享一个秘诀:推荐大家在跑步机上看语言类节目。这类节目有个好处，就是我一旦走神儿，可能就错过了笑点，或者没有捕捉到关键信息，所以我必须高度专注地看节目，而当我全身心投入节目中时，就会忘记了自己正在跑步机上挥汗如雨。

这样一来，就营造出了我正在全神贯注地欣赏精彩的爆笑节目的假象，让我在不知不觉中就能在跑步机上坚持一个小时，甚至更久。

我试过看韩剧、美剧，以及一些综艺节目，远没有语言类节目的效果好。

第三，也是最关键的一步，我自己都没想到，居然是找到了一种我非常爱吃的黄瓜。我除了喜欢吃肉，还特别容易嘴馋，总是想吃点儿什么。所以，稍微不注意，就在不知不觉中吃了不少榴梿、香蕉、坚果、地瓜干、蛋糕、饼干这些高热量的食物。与其吃这些，还不如痛痛快快吃点儿"碳水"呢。

如果实在想吃东西，教练建议可以选择黄瓜、西红柿或者脱脂牛奶。这三样食物热量都很低，甚至可以忽

略不计。我选择了黄瓜。

我对黄瓜的要求非常高。黄瓜的味道一定要清香，微甜最好，要有浓郁的黄瓜味儿，就是小时候吃过的那种很纯正的黄瓜味儿。我试了几个品种，最终找到了一种又嫩、又甜、黄瓜味儿又浓郁的黄瓜。从下午五点开始，我就基本不吃任何东西了。如果实在馋得难受，就啃黄瓜来解馋。好吃且"懂事"的黄瓜呀，让我经受住了其他美食的诱惑。

最后要提醒的一点是，有些零食虽然看起来很小，容易让人放松警惕多吃几块，可小小的一块就可能有几千千焦的热量，需要在跑步机上跑几个小时才能消耗掉。这也是为什么很多人会感到困惑：我明明没有吃什么东西，为什么还是越来越胖？因此，平时一定要养成看食物的配料表和营养成分表的习惯，尤其是营养成分表。

一旦养成了这个习惯，尽量确保自己每天摄入的热量少于消耗的热量，基本上就能达到减重的效果了。

3

必须要说,健身不仅能减脂减重,还能让全身都变得非常紧致。无论是胳膊、大腿、臀部、肚子还是小腿,我都能感受到明显的变化,自己摸着手感都不一样,紧实且健康。

胸围、臀围和腰围都肉眼可见地小了很多,更不用说脸也瘦了一大圈。最开心的是,这次减肥我的胸围直接减了15厘米。以前我一直因为胸围大而自卑,生完孩子后胸围又增大了。所有女孩都知道,胸围大就会显得人很臃肿,穿什么都不好看。这种感觉实在太难受了。

我想告诉想要减肥的朋友们,尤其是产后体重暴涨的妈妈们:只要你们坚定信念,体重就一定可以减下来。是的,生了孩子,体形会变。但是只要你们健身有方,体形还是会变回去的。一定要拿出时间来进行身材管理,自己健康了,变美了,才有精神和精力处理其他的事情。一定先以自己的健康为主。

想想看，衣服的尺寸直接减了两个码。

整个人身轻如燕，魅力四射！

我甚至狂妄地买了件婚纱当写作时的工作服。

成功减重三十斤的我就是这么牛气冲天。

4

其实也有烦恼。由于我将大量精力投入到减脂减重的过程中，对于新书的创作，尚未形成清晰的思路。

每当念及此事，我都会心生愧疚。不仅如此，我的读书进度也缓慢了许多。朋友安慰我，说身体和灵魂总要有一个在路上，我的身体已经在路上，灵魂慢点儿就慢点儿吧。

我深以为然。就祝每位想要控制体重的朋友都能找到适合自己的方式吧。

只要在路上，心中目标明确，终能抵达目的地。

独自去吃烤肉

你需要享受美食对你心灵的滋养和精神的慰藉。身心得到充分的滋养后,你才能以更好的精神状态去承担起家庭角色和社会角色赋予的责任。请找出时间,好好照顾自己。

1

一个人处在人生的不同阶段,因心境与阅历的差异,面对同一件事时感受和选择都是不同的。十几岁乃至二十来岁时,我最害怕一个人去饭馆吃饭。在我看来,一个人吃饭意味着孤独、孤僻,连个朋友都没有……

现在我不这样想了,真的。当了妈妈后,我格外珍惜一个人吃饭的时光。

2

我一个人进了烤肉店。

服务员热情地招呼着:"您几位?"

"一位。"我找了个位置坐下。

"好嘞。"她麻利地收走了餐桌上的另外三套餐具,说,"这是菜单。"

我点头接过,迅速翻阅着,很快点了一个三人份的套餐。

她瞥了我一眼,神色诧异,跟我确认:"您几位?"

"一位。"

她面露难色:"这个量,可能有点儿大。您一个人的话……"

"还行,"我面不改色,"就它了。"

"好。您还需要别的吗?"

"再来个蔬菜拼盘吧。"

"您刚才点的套餐里,蔬菜是不限量供应的。"

这倒非常合我的心意。

我很高兴地说:"行,那就不要了。"

我看了一下手表,显示的时间是12点40分,我又叮嘱道:"我1点40分就得走,时间有点儿赶。"

女服务员戴着口罩,看不到她的脸,但我喜欢她的单眼皮,她说话时柔声细语的,可爱得很。

"好的,您放心,我尽量快一些。"

她的手脚果然麻利,没多久,我点的套餐就来了。

好家伙,有些牛肉放在精致的小盘子里,呈阶梯状逐一放在一个木架子上,中间还放了干冰,白烟缥缈,营造出一幅既壮观又恍若仙境的画面。

我越发满意。服务员将烤肉依次放在烧烤盘里帮我烤熟。

三款蘸料就放在我的右手边，除此之外，还有生鸡蛋液、牛雪花里脊、牛小排、牛舌、牛胸肉、牛肉粒、五花肉、虾……

美好的世界，我来了。

这些全部都是我的！是我一个人的！

3

已经结婚生子的朋友一定会懂我的感受。带小朋友出去吃饭，简直就是对我们的折磨。这个不吃，那个不吃；这个嚼不动，那个没有了可孩子还想吃；蘸料打翻了，衣服上都是番茄酱；拉面扣在了地上，汤汁四溅……我一会儿担心孩子吃不饱，一会儿担心他喝了太多饮料，一会儿又怕他太吵闹影响到邻桌的客人，一会儿想万一打碎了餐具要记得赔偿，一会儿又觉得让服务

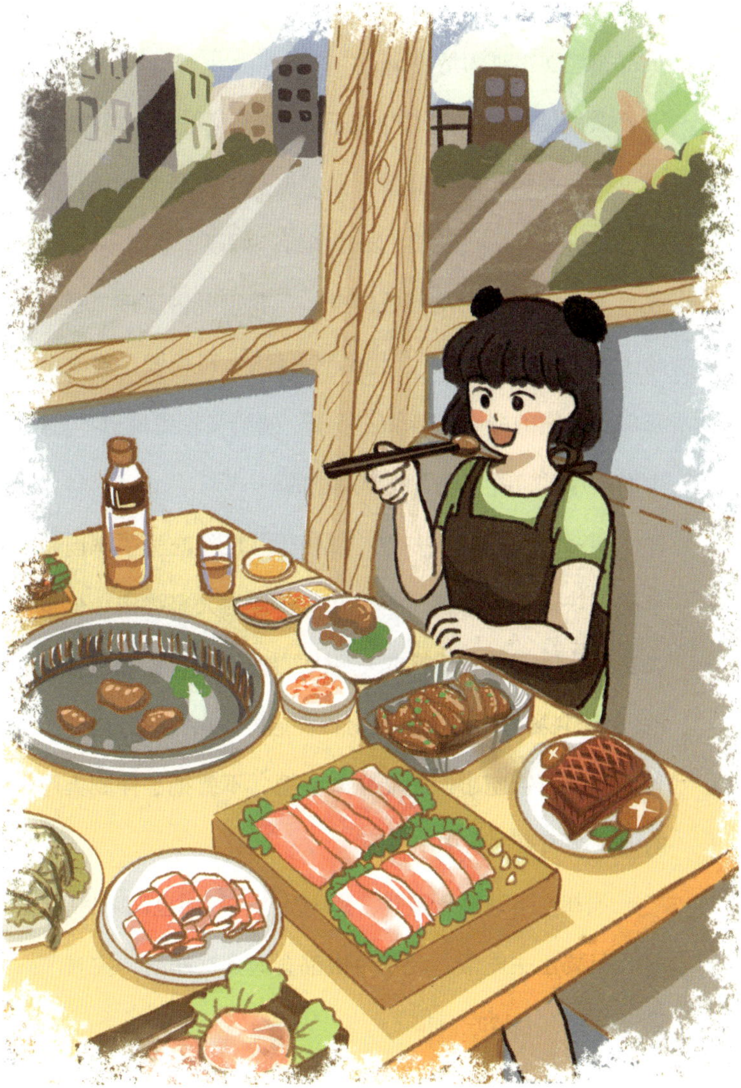

员打扫地面很难为情……

我刚要松一口气，"熊孩子"指着菜单说："我要吃这个！"天哪，那个好贵，而"熊孩子"居然每块都要吃，嚼了几口又吐出来，发着牢骚："妈妈，我嚼不动啊。我可不可以只嚼一嚼就吐出来？"我正要讲道理，他把盘子一推："我吃饱了，我要下去玩。"可怜我还没吃上几口，旁边的姥姥、姥爷、爷爷、奶奶又轮番说道："这个面太辣了，我不吃，我要点别的……"

重新点了餐，再一看"熊孩子"已经吃完了从前台拿的五块薄荷糖。孩子爸爸在辛苦地为大家烤肉，他也没吃上几口。我离开餐桌去照顾"熊孩子"，温和地告诉他："公共场合不要大吵大闹，要记得餐桌礼仪，离开了餐桌就没有饭吃了。不能吃太多糖，不要把手伸到大厅的电动小喷泉的水中……"

他却咯咯地笑着跑开，我怀疑他一句话也没听进去。

只要出去吃饭，几乎每次都会遇到这样的"灾难"。哪还有什么心情吃饭！

4

我想对在平日里主要负责照顾孩子的朋友说:"一定要在一周里,选择一天,自己一个人,去心仪的饭馆吃顿饭。不要带'熊孩子',也不用带父母,更不用带伴侣。答应我,就你一个人,好吗?"

此时此刻,你不是谁的女儿、妻子、妈妈,你是你自己。你需要全身心地享受,作为一个独立的人,好好享受一个人的美食。不需要时刻紧绷神经,担心"熊孩子"是否吃饱,是否吃得习惯,会不会打碎餐盘……

此时此刻,请你充分地享受吃美食的快乐——接受美食对你心灵的滋养、精神的慰藉,充分理解什么叫全神贯注、大快朵颐,什么叫吃饭也可以吃得如痴如醉、快乐似神仙。

5

我吃得非常快乐。

服务员默默地烤着肉,过了好一会儿,她问我:"姐姐,您经常来这边吃饭吗?如果经常来的话,可以办理我们的会员卡,我们现在有'充1000送100'的活动。如果您不经常过来的话,我不建议您办。"

我思考了几秒:"不算经常,不过,一周可能会来一次。"

"那……"她看着我空空如也的盘子,显然加快了烤肉的速度,却仍只是勉强跟得上我吃肉的速度。她热情地提议道:"您还可以约朋友一起来呀,如果您觉得好吃的话。"

"约朋友?"我不满地看她一眼,"你们店里的烤肉这么好吃,我为什么要约朋友?还要分一半给朋友,那我怎么吃独食?"

服务员目瞪口呆。

"呃,姐姐……姐姐说得有道理。"

我不是开玩笑,她应该不会懂。我叹气。

我非常珍惜这每周一次的独自吃美食的快乐时光,

而在我想一个人独处的时刻,并不适合约朋友一起吃饭。

6

所以,经常照顾孩子的朋友们,一定记得抽出时间,一个人去吃饭哪!

记住:不要有任何愧疚、犹豫和不舍。

正如前面我说过的,你需要"自私"一些,再"自私"一些。你需要享受美食对你心灵的滋养和精神的慰藉。身心得到充分的滋养后,你才能以更好的精神状态去承担起家庭角色和社会角色赋予的责任。请找出时间,好好照顾自己。

因为你,以及你的感受,真的非常、非常、非常重要。

番外篇

论吃独食的注意事项

某天,我去一家商场买东西,买了一袋面包当早餐,其中有个咖啡味儿的,夹着奶香,又软又甜,吃完后,内心充满了满足感。

没想到,我上个厕所的工夫,小群竟然把剩下的面包都吃光了。我差点儿气哭了。他郑重地向我道歉。

但是,我依然不开心。随后有一天,趁着小群去上学的间隙,我迅速下单,让楼下的水果店送来了一个榴梿。吃完抹抹嘴,开窗通风,还在书房点燃了沉香。啊,这吃独食的快乐,太爽了!

没想到小群回到家,推开门,惊喜地喊:"咦,榴梿!"然后翻箱倒柜,先是在水果架上搜寻,接着又打开冰箱查看,发现真没给他留榴梿,差点儿跟我"绝交"。

小群气鼓鼓地说:"你是妈妈,怎么能背着自己孩子吃独食呢？上次你是怎么批评我的？说我不想着你。你也没想着我呀，你自己偷吃榴梿。"

我据理力争："妈妈怎么就不能背着孩子吃独食呢？妈妈首先是自己，然后才是妈妈……而且，妈妈在成为妈妈之前，也是个孩子嘛。"

小群想了想，觉得有道理。

最终，我们达成和解，并约定不论谁有好吃的，都得给对方留一半。

番外篇

大人也想要礼物哇

我预约了牙医就诊,想到小群和小阔也有一年没去检查牙齿了,索性就帮他们俩也一起预约了。检查后发现我和小群都需要补牙,而小阔的牙齿则非常健康。治疗结束后,医生对孩子们说:"你们表现得太好了,每个人可以选一支红色圆珠笔作为奖励。"

小孩儿们开心地跑去选。

一时间,我竟然觉得有点儿委屈,问医生:"难道我表现得不好吗?我也想要礼物哇。"

医生愣了几秒,说道:"哦。当然,您也可以。"

我大笑,选了小恐龙玩具。

虽然我已经是大人了,但同样渴望在牙科就诊时,因为能够积极配合医生的治疗而得到医生的夸奖,并沉浸于赠送小礼物所带来的喜悦中。

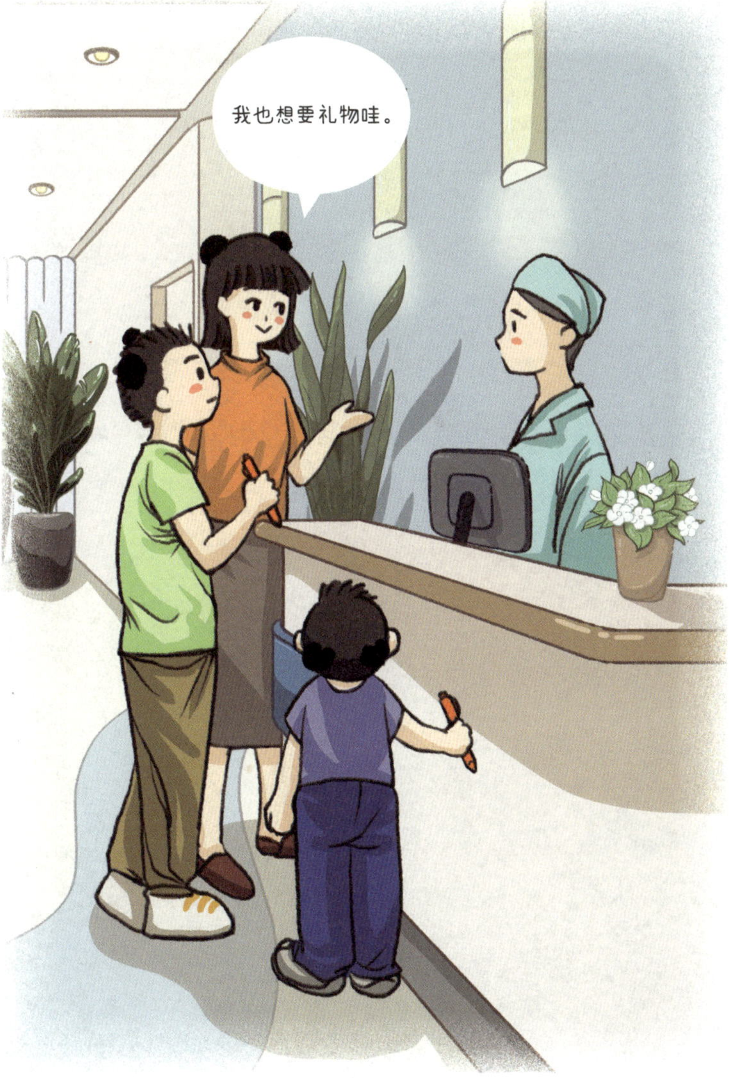
我也想要礼物哇。

陪伴孩子成长的过程,何尝不是我们大人自身成长的过程呢?

第三章

给孩子们浇水、施肥、晒太阳

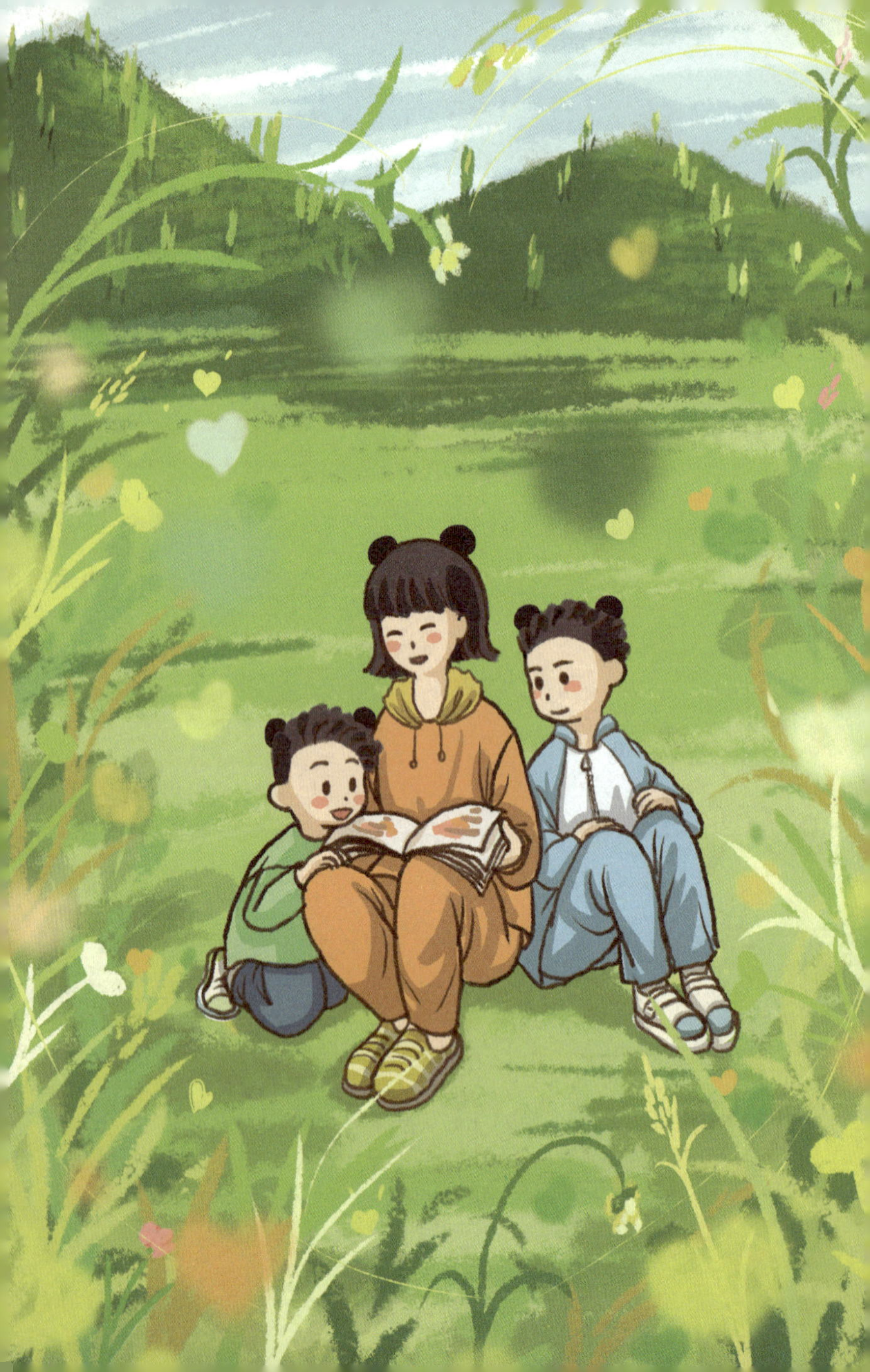

冲突激烈时
承认自己的错误

有一天晚上,因为一些琐事,我着急哄小阔睡觉,结果和小群发生了争执。经过十五分钟的激烈争论后,我发现小群是对的。但当时的我已被愤怒冲昏了头脑,不论气势还是姿态,都带着一股"今天非赢不可"的架势。只要我大声呵斥几句,比如"回你的房间去""你少胡搅蛮缠""闭嘴,简直无法无天了"或者"给我放尊重点儿",就能立刻在气势上压倒他,然后抽身而退,带着五岁的小阔回房间睡觉。

这样做最容易。说真的,我尽量让孩子们觉得我们之间是平等的,在这个家,不存在谁必须听从谁的情况,只有以理服人。但真的到了关键时刻，就好比泄洪的闸门即将打开，我即将以排山倒海之势、雷霆万钧之力震慑他时，突然发现是我错了。那个在我看来力量非常薄弱的孩子是对的。

我需要改变方向，或者收起我所有的力量和愤怒，停下来。现在，我不能让情绪像洪水一样倾泻而出，相反，我得守住心中的那扇闸门，防止洪水泛滥。"你说服了我，我为我的态度和处理事情不够公平向你道歉"——说出这些是件很难的事情。

我犹豫了大概十几秒，在小群怒视着我，准备更猛烈地攻击时，我强忍住自己不甘心输掉的心态和以妈妈的身份震慑他的念头，用尽所有的力气说道："你说得对，对于这件事，我的处理有失公平。对不起。"

小群本来要攻击我，没想到我直接认输，他一下子愣住了。

而我趁他愣住的时候，因为觉得面子上有点儿过不去，迅速带着小阔"逃"到了卧室里。

我躺在床上裹着被子默默地想：输就输吧，我经常鼓励他不要服从权威，不要服从身份、地位和权力……此刻，就是最好的练习。

我今天选择认输和撤退，此后孩子们走出家门，面对力量悬殊的冲突时，才有底气坚持和前进。

这样安慰自己，好像舒服了很多。

乐观的品质

因为小孩子从来不听你怎么说。

他要看你怎么做。

他要你以身作则,他要你在每天每时每刻的每件小事上,不断地付诸行动。

1

朋友曾经问我:"你希望你的孩子具有的众多优秀的品质中,排在第一位的是什么?"

一时间,无数个词在脑海里闪现:自信、自尊、自立、自爱、自制、乐观、勇敢、有担当、宽容、守时、坚韧、乐于合作、尊重他人、勤奋……我犹豫了一会儿，如果排在第一位，那就选择乐观吧。

是的，乐观。

人生路起起伏伏，不可能诸事顺遂。不论遇到任何问题或者波折，都希望他能怀有一颗乐观的心，从容笃定，坚信每件事的发生对自己都有帮助。希望他凡事都能想到积极的一面。

朋友听了之后问我："那你能做到吗？"

我默默想了一会儿，回答他："当然——不能。"

朋友笑得不能自已："所以你都不能做到的事情，又怎么要求孩子做到呢？"

其实，正是因为自己做不到，才希望他将来不会像我一样，错过太多美好，走许多弯路哇。

2

我骨子里算是个悲观的人。很久没有联系的亲朋好友突然联系我,我下意识地会很排斥,觉得没什么好消息。合作方给我打电话的时候,我要给自己做好一会儿的心理建设,否则连接电话的勇气都没有。最害怕看到有人发消息,说"我找你有事",心里会猛地一紧,下意识地断定:完了,肯定不是什么好事。甚至编辑告诉我图书加印的信息时,我也会先是一怔,心里还会犯嘀咕:"不会是为了哄我高兴吧?"

当真的遇到大风大浪时,那种想要自暴自弃、破罐子破摔,甚至认为最坏的结果即将发生的情况,也是常态。

这种悲观的情绪究竟是从何时开始悄然形成的,已经很难追本溯源了。

但为了改变这种情况,很长一段时间内,我都在看关于积极心理学的书和课程,包括哈佛大学很有名的积极心理学的公开课。所有跟积极心理学相关的书籍,我都会一本接着一本看。

正是因为深知这种情绪所带来的消极影响,所以,我才会发自肺腑地希望孩子不要像自己一样悲观。

3

所以,要怎么做到呢?

告诉孩子遇到了困难,一定要对自己说"办法一定比困难多"。无论是乐高颗粒怎么调整却始终拼不上,还是想要和小区里不认识的孩子交朋友被拒绝,抑或是数学题怎么算都算不对的时候,都要保持这样的信念。

然而,我们给出再多的鼓励,依然收效甚微。

我们这代人在教育小孩儿时,基本上是以鼓励和表扬为主。

但这些鼓励和表扬来得太容易,反而没什么效果。

真是可悲。毕竟,自信是建立在对困难的克服之上的。

想起作家陈丹燕写过的那段话:"当你遇见困难,一定要迎着它朝前走,解决后,你就拿到了困难后面的东西,那就是你的自信心和自尊心。人的一生,便是由大大小小不间断的困难组成的。认识它,不要怕它,去克服它。"

4

有一天,我突然找到了更为明晰的方向。朋友邀请我们去他家郊区的小院聚会。临行前,朋友说他家院子里的梧桐树已足够粗壮,特意叮嘱我们带上吊床。想象着躺在吊床上,在鸟语花香、绿意浓浓的深山中,或是闭目养神,或是晃来荡去什么都不想,着实逍遥自在。

小群听到这个消息后兴奋极了,抱着吊床抢先冲进电梯。出门前,我叮嘱他:"你要保管好吊床啊。"他兴奋地点着头，说："没问题。"

于是全家人浩浩荡荡地赶往门头沟，可到了朋友家，吊床却不见了。小群急得快要哭出来："我，我，我放在后备厢了呀，肯定放进去了。"这点得到了姥姥的证实：确实看到小群把吊床放到了后备厢。但我把后备厢上上下下翻了个遍，依然没有。姥姥说："下车的时候，我看到小群抱着吊床，后来他又把滑板车搬下来，滑着滑板车跑了。"也就是说，小群把吊床从后备厢拿下来之后，又去滑滑板车，他不可能一边滑滑板车，一边拿着吊床。所以吊床有可能落在了我们停车的地方。

停车场附近有一个上坡路段，距离朋友家大约几百米远。

小群听到姥姥这么说，慌了，拉着我的手说："妈妈，我们赶紧回去找吧。"

这已经不是小群第一次丢东西了。

他丢过乐高积木、照相机、足球、自行车、滑板车、衣服、遥控小汽车……有的找了回来，有的并没有。小孩子就是会丢东西呀，大人也很难做到不丢三落四。

我忍着怒火调整了情绪，然后平静地说："好的。"

于是我们一路返回去找。当然没有，连一点儿踪迹都没有发现。

我和小群默默地站了一会儿，我说："应该是被人捡走了。"他急得快要哭出来，眼圈发红，噘着嘴说："我不要，我就要坐吊床，我就要坐吊床！""可是吊床确实没有了，走吧，我们先回叔叔家。"

他站在停车的地方不动："我不要！"我等了他一会儿："你很难过是不是？"他点点头。"是不是也很气自己没有保管好？"小群的眼泪快要掉下来，他拼命忍着，没有回应我。"妈妈理解你，你又难过又生自己的气，如果你想哭，就哭吧，我可以陪着你。"

我张开手臂，他扑进我怀里，号啕大哭。

我尽量帮小群调整他的情绪，也开始给自己做心理建设：给你点赞，"熊孩子"弄丢了东西，你没有大喊大叫，还在积极引导，你做得很好。

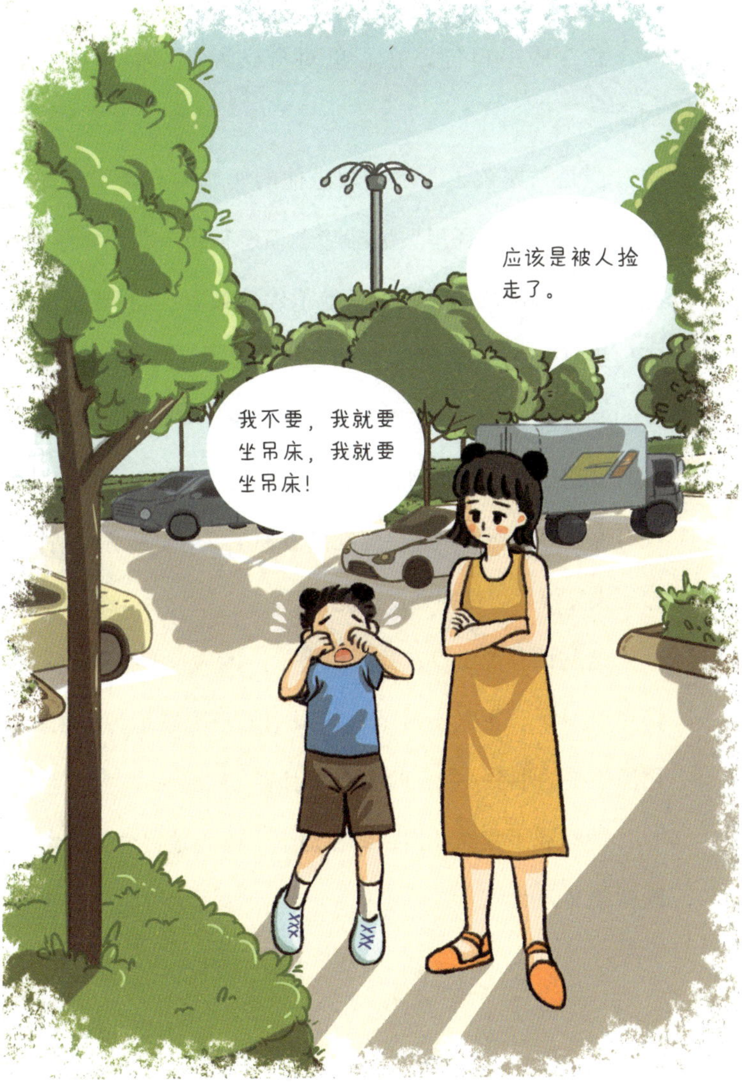
应该是被人捡走了。
我不要，我就要坐吊床，我就要坐吊床！

我深吸一口气,在心里对自己说:"你可以的,加油。"

但是"熊孩子"并不知道他的妈妈内心做了怎样的挣扎。他在我怀里哭哭啼啼,愤怒得像一头小狮子,我的耳膜都快被他震破了。他不停地喊着:"我要坐吊床!我要坐吊床!"控制情绪好难,大人真的太难做了。真的。

我终于忍不住,情绪失控了,嚷道:"够了!你自己没有保管好东西,妈妈已经在陪着你了,好好跟你说话,你还没完没了,你冲谁发火呢?"

这句话一说出口,我就后悔了。因为"熊孩子"哭得更难过了,上气不接下气,眼泪吧嗒吧嗒地掉下来,用黑乎乎的小手一抹,脸上都是泪痕,糊成一片。

他挣脱了我的怀抱,蹲在地上,呜呜地哭着,背影既孤单又无助。

5

我冷静了一小会儿,"抱歉,"我对着那个背影说,"我现在情绪有点儿失控,请给我五分钟的时间,我控制好情绪,咱俩再沟通。"他的哭声停了一下,没有回应我,又继续默默地掉眼泪。

我问自己:"这个吊床多少钱?"

"88块。"

"为了88块,让孩子哭成这样,值不值得?"

"不值得。但是他总是丢三落四的,不能保管好自己的东西,这才是让我恼火的地方。"

"那么,你小时候丢过东西吗?"

"丢过。"

"丢过最昂贵的东西是什么?"

"索尼随身听。"

"丢了索尼随身听后,大人打你了吗?"

"没打,但是因为这件事他们持续唠叨了三五年的时间。导致我后来看到别人的随身听都魔怔了,觉得自己不配拥有任何贵一点儿的东西,因为总是担心会丢……"

"你曾经说,希望孩子将来能拥有的优秀品质中,排在第一位的是什么来着?"

"乐观——不论遇到任何问题,都希望他能怀有一颗乐观的心,从容笃定,坚信每件事的发生对自己都有帮助。希望他凡事都能想到积极的一面。"

"好,现在机会来了。"

我仿佛在心里面用冷水洗了把脸,神志清醒地重新回到"熊孩子"身边,把这小小的人儿抱在怀里。

"小群,我知道你不是故意的。你哭,是因为没有保管好吊床,觉得内疚,自己也没法儿玩了,是不是?"

他哭着点点头。

"很抱歉刚才冲你发火了,我向你道歉。"

这句话我一说出口,他哭得更厉害了。

我拍着他的后背说:"之前我和你说过,我希望你是一个乐观的人。遇到任何事,都可以先对自己说'这件事情的发生，对我一定是有帮助的'，记不记得？"他的哭声变小了，缓缓地点了点头。

"那好，现在我们来分析一下，你觉得这件事带来了哪些积极的影响或启示？"

他抽泣了一下，然后说："没有什么积极的。"

"再想想。"

他低头看着路面，过了好一会儿，才说："会提醒我以后要保管好东西。"

"你有保管东西的好办法吗？"

"手里不能同时拿两样东西，如果想做别的事情，就找人帮忙保管。"

"很好。还有呢？"

"没有了。"

"你介意我说一个吗？"

"可以。"

"也许丢了吊床，是为了给我们留出时间，让我们玩其他好玩的东西。你再想一个。"

他叹口气，小手蹭了蹭鼻子说："我不想说了。"

"那好吧，我尊重你的想法，那我们先去叔叔家玩，天黑之前，你再告诉我一个，可以吗？"

"好吧。"

6

这一天整体来说，小群过得其实还是很开心的。"熊孩子"和别的小伙伴拿着捞网，在小溪边光是抓蝌蚪、捞小虾就玩了三个多小时。至于烧烤、拔萝卜、抓小鸡……更是玩得不亦乐乎。天黑了，他也舍不得回家。

在回家的路上，我想起这件事，问他："小群，你想

好了吗？"丢吊床的悲伤早就一扫而空，他此刻笑眯眯的。这次他没有犹豫，说："我想好了。另外积极的一面是虽然我丢了吊床很难过，但是捡到吊床的那个人，一定很开心。也许他正需要这样一张吊床，却没有钱买，走在路上竟意外地发现了一张吊床。"

他的眼睛闪闪发亮，嘴角上扬，身上灰扑扑的，脏得不像样。

可是，真像个小天使呀。

7

你要做个乐观的人。

你要积极向上。

你在遇到问题的时候一定要对自己讲："办法一定比困难多。"

大人们一边这样说着，一边在小孩子犯错的时候指责、发火、抱怨，接着恨铁不成钢地痛骂"你为什么这么消极、悲观"。

为什么呢？

因为小孩子从来不听你怎么说。

他要看你怎么做。

他要你以身作则，他要你在每天每时每刻的每件小事上，不断地付诸行动。

8

几天以后，小群养在阳台的胡萝卜苗长出了新芽，长势喜人，每天他都会把小花盆放在床头，爱不释手。结果有一天，他用皮筋一弹，苗全断了……

小群嗷嗷大哭，等他情绪稳定后，我问："这件事好的一面是什么呢？"

他想了想，回答："第一，我现在知道胡萝卜苗的弹性了；第二，使劲揉搓能闻到它的味道；第三，可以观察苗断了以后能不能长新的。"

真不错，乐观是可以习得的。

总会慢慢好起来的。

无法原谅做了
蠢事的自己

如果做错了事,你会责怪自己多久,才能接受并释怀?或者说,你是个能够接纳自己,擅长与自己和解的人吗?还是你会选择逃避?其中的答案和"到底在哪些重要的事上犯了错"有关,当然,每个人对重要程度的理解和标准是不一样的。

曾有一次,小群弄丢了他的新发明,他对这件事耿耿于怀,还耍起了脾气,这可把我气得够呛。所谓的新发明,其实是一个用钢锥扎了很多眼儿的矿泉水瓶子。他认为他的新发明有两种功能,一个是可以用来当花洒洗澡,水从密密麻麻的没有任何排列规律的眼儿里流出来，浇在身上会很过瘾；另一个功能是可以用来打水仗。瓶子里装满水，有多少个眼儿，就能从多少个方向攻击"敌人"。他觉得拿这个出去打水仗，那些用只有一个口出水的水枪或是普通矿泉水瓶的朋友们，都得甘拜下风。

下午五点钟，他拿着这个新发明给家里每个人都炫耀了一遍，没想到晚上洗完澡后，这个瓶子突然不见了。小群问了家里所有人，大家都表示没动过这个瓶子。小群彻底爆发了——他既不收拾书包，也不设置闹钟，连明天要穿的衣服也不准备。甚至哭哭啼啼地坐在椅子上，扬言如果找不到，就不睡觉。

我先安抚他的情绪，陪着他，让他能够痛痛快快地哭出来。准备等他平静后，能好好沟通时，再一起想办法。

很多育儿书里确实都提到过这个方法，比如《非暴力沟通》《P.E.T.父母效能训练》……以前这一招是很管用的，只要我心平气和地陪伴、安抚情绪，并给予理解，小群一般能很快冷静下来，然后迅速进入解决问题的阶段。

但今天不知道是哪里出了问题。

爸爸提出愿意陪着他一起重新做一个新的。我动之以情，晓之以理，告诉他家里所有的瓶子都给他留着，任由他改造，如果真的很好玩，还可以批量"生产"，让小区的每个孩子都能人手一个。同时还跟他说："你认为的坏事情，不一定是坏事情，一定有对我们有帮助的一面。比如说，通过这件事，下次你会懂得保管好自己的东西。你还可以在新做的发明上贴一个标签——'小群的新发明，请不要丢弃'。"

阿姨也表示，哪怕明天打扫所有的角落也要把瓶子找出来。

没用。一点儿用都没有。

小群一直很暴躁。他恨自己，觉得自己没有把这个新发明保管好。这可是他灵感迸发后，做的第一代新发明啊。

我再次安慰他，告诉他可以做出更好的发明，但他的逻辑和那个"丢了100块钱的小孩子"的逻辑一样。

对于在路边哭泣的丢了100块钱的小孩子来说，这笔钱可是一笔不小的数目。有个好心的路人不忍心，给了他100块。小孩儿却哭得更伤心了，他说："如果那100块钱没有丢的话，我现在就有200块了。"

小群开始怀疑家里的所有人，觉得每个人都有把瓶子扔掉的嫌疑。

最终，他失望、悔恨、委屈，时而疯狂大喊，时而默默地哭泣。知道事情原委的人明白他丢了瓶子，不知道的，还以为我把他遗弃了呢！从晚上七点半持续到九点多，小群一会儿哭，一会儿唉声叹气，一会儿趴在床上谁都不搭理。

九月一日是开学的日子，而前一天的夜晚本应该很美好，我本来想和朋友开个香槟庆祝"熊孩子"开学的，眼下别说开香槟，我连明天要交的稿子都无法按时写完。

如果那时是暑期，我可能会任由他哭泣，让他自己慢慢平静下来。但第二天要开学，他不肯睡觉，如此一来，第二天就无法按时起床，上学也就势必会迟到；而且睡眠不足，上课肯定没精神……我已经充满耐心、温和并柔声细语地陪伴了他半个多小时，试图安抚他的情绪，可一切都是徒劳。

小群有一点值得称赞，在那种情况下，他没有一味地怀疑或责怪他人，即便我猜测可能是有人看到空瓶子顺手扔掉了。相反，他主动承担了主要责任，认为这是自己的疏忽所致。

所以，他的逻辑是新发明丢了，主要是因为他没有保管好，所以他现在恨自己，而且他有权利恨自己。这是他一个人的事，我有什么权利来管他是否恨自己？

"熊孩子"不知道他引起了一系列的连锁反应。

我耐心地跟他解释："你这样大声哭闹，全家人都没法儿好好休息了。如果你一个人安安静静地恨自己，也可以。"

小群不干，哭着说："你别走……"他抽动着肩膀，恨得用小拳头捶打自己，"妈妈，你别走，我需要你的陪伴。"如果我陪着他,阿姨就得陪着弟弟,阿姨就不能按时睡觉。而我答应了出版社明天交稿,现在看来,根本不可能了。

眼看着时针指向晚上十点。我克制着让自己不要爆发,更不能动手打小孩儿,这是最基本的底线,打孩子是大人无能的表现。

我不想成为那个对问题束手无策,只能用暴力手段让小孩儿屈服的大人。但我的耐心似乎已经接近了极限,小群每哭一次,都像用针尖刺向我强压下来的充满愤怒的气球。

一下,两下,三下……

终于,我忍无可忍,大吼道:"给你五分钟时间,你现在必须立刻、马上睡觉!"

小孩儿被我的吼声吓到,瞬间停止了哭泣,惊讶地看着我,缓缓地躺在了床上。

他那鬼哭狼嚎般的号哭渐渐转为了小声啜泣,然后慢慢停止了。

哭声是停止了，但我后悔了。

应该再多给出一点儿耐心的。也许只是差一点点，他就调整好了。

我每天叮嘱小群要控制好情绪，但我自己都做不到，凭什么要求才九岁的"小屁孩"做到呢？

我和小群就这样静静地待在他的房间里，谁都没有说话。不知道过了多久，我听到一个微弱的声音："妈妈，我好了。你回去睡觉吧，我不要你陪了。"

他的语气是诚恳的，也带着克制和哀伤。

他把我推开了。

我越发不忍和难过。

"实在对不起。"我赶紧道歉，"很抱歉我没有控制好情绪，向你大吼大叫了。我没有把你丢了新发明当作是小事。我只是觉得，每个人成长过程中，都会丢失很多东西。心爱的玩具、书、钱、工作、朋友，甚至是亲人……当丢失的事实已经无法改变时，我们要无休止地痛苦下去吗？如果因为我们的疏忽而导致了事情的发生，要一直痛恨自己吗？有时候我们不得不接受失去，不得不接受自己犯错，接受了，才可以朝前走。"

小群躺在床上，没有看我。

我又接着说："出现问题，要相信自己是个能够解决问题的人，好不好？"

他翻来覆去换了几次姿势后，抽了抽鼻子，才说："我知道不应该这样，只是我控制不住，我难过又愤怒，悲伤又自责，好像不发泄完，就没办法恢复理智。"

"你说的我理解。是这样的，我也常常控制不了我自己。"我走到他的床边，问他，"你愿意抱抱我吗？你愿意原谅我吗？"

他迅速坐起来，紧紧地抱了抱我，又点点头，问我："你愿意原谅我吗？"

"愿意，"我说，"那你现在原谅自己了吗？还恨自己吗？"

他摇摇头，接着有点儿不好意思地笑着说："现在想想确实不是什么大事，我明天再做一个就行了。如果再发生这样的事情，妈妈，我一定能处理好。"

我点点头。

我忍着想揍他一百遍的冲动，和他又抱了一小会儿。

他接受了失控的、大发脾气的、没有保管好心爱的发明的自己，然后睡着了。

十点半，也还好，并不是那么晚。

我早应该想通，比起早点儿睡觉，其实解决问题，让小群有个好情绪，把那些糟糕的情绪全部发泄出来，才是更紧要的事。

我也不得不接受偶尔情绪失控、欠缺耐心、忍不住对孩子大吼大叫的自己。

陪伴孩子成长的过程，何尝不是我们大人自身成长的过程呢？

育儿之路漫漫，吾将上下而求索。

共勉吧，家长们。

给小孩儿所需要的爱

有一次,晚上临睡前,小群跟爸爸、爷爷和奶奶表达了第二天早餐想吃炒面的意愿,很快,他得到了满意的答复。小群兴奋极了,甚至有点儿睡不着觉。没想到第二天早上,摆在餐桌上的是几盘热气腾腾的饺子,并没有炒面。

原来,爷爷奶奶想到整整一年没见到亲孙子了,特意给他包了北方人最爱吃的饺子。

没想到小群毫不领情,不但一口不吃,还抱怨爷爷奶奶不兑现承诺:"你们明明答应给我做炒面的。"爸爸在一旁帮着解释:"其实爷爷奶奶的确是想做炒面的,但

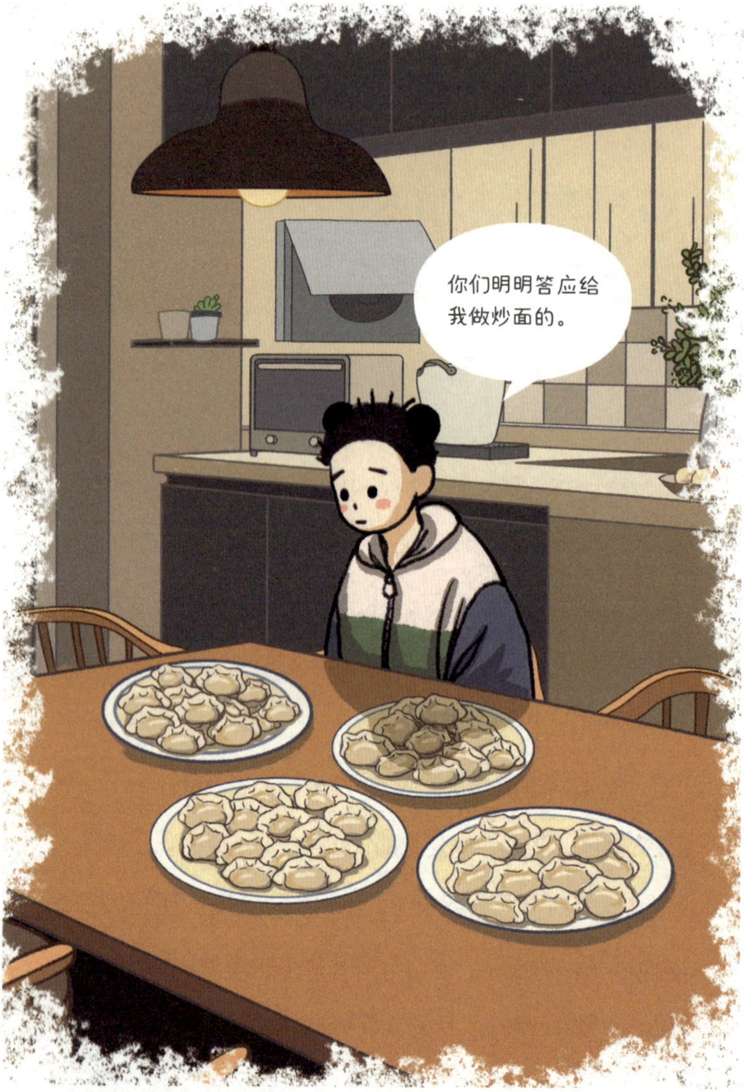
你们明明答应给
我做炒面的。

想着你从北京来，肯定爱吃饺子。今天早上就先吃饺子，中午再给你做炒面，好不好？"

小群不领情。爸爸又说："包饺子是很复杂的，既要和面、擀皮，又要切菜、切肉、拌饺子馅儿，还要下锅煮……你先尝尝好不好吃，再决定吃不吃，行不行？"

小群再次拒绝。

爸爸急了："你知不知道爷爷奶奶很辛苦的，为了做这顿饺子，他们很早就起来了，你能不能懂点儿事，赶紧吃。"

小群也急了："我怎么不懂事了？我说要吃炒面，就提前预约，你们也答应我了。我又不是今天你们把饺子煮熟后，才闹着要吃炒面的。明明是你们失信在先，凭什么指责我不懂事？"

"爷爷奶奶并不是故意这样做的。"

过了好一会儿，爸爸依然想要说服他："因为爷爷奶奶很爱你，他们一想到你早上起来看到香喷喷的饺子，肯定特别高兴，所以才包饺子的。"

小群躺在沙发上，慢慢翻着书页，仍是气鼓鼓的："他们爱我的方式不对，我不喜欢这样的方式，我不会吃的。"

我看不下去了，让爸爸去给小群做一份炒面，他不情愿地去做了。这件事确实是大人的不对，他们失信在先，又指责小群，对小群来说，当然不公平。如果我们想表达对一个人的爱，一定要清楚这个人想要的是什么。简而言之，爱是尽量满足对方的需求，给他想要的，让他痛快。而不是一味地表达，只顾着感动自己，只图自己痛快。亲情如是，爱情更如是。用错力，只会让双方都不高兴。费力不讨好，何必呢。

有意思的是，我把这件事情写成文章发到微博上，有几位网友觉得我处理得不对。

有人留言道："毕竟爷爷奶奶辛辛苦苦包了饺子，孩子不应该这么没礼貌，应该先把饺子吃了，孩子这样闹情绪，太不懂得尊重大人了。"

是大人先不尊重孩子在先的，那么身为大人，就应该准备好承担这种"不尊重"的行为可能带来的后果。

谴责和评价是很容易的,可是理解太难。

我不喜欢我的孩子过于"懂事",我希望他有他的态度和坚持,哪怕是在看上去很小的事情上。

如果成人受不了小孩子的这种拒绝,觉得自己辛苦,孩子却这么不懂事,那么很遗憾,这其实是自寻烦恼。换作是我,我也同样认为是自讨苦吃。

礼貌和尊重是相互的。

孩子和成人之间,同样如此。

大人无视孩子的需求,强行要求孩子吃他不愿意吃的食物,就是大人先"不尊重"孩子的。

孩子开开心心期待了一个晚上,大人觉得孩子有多么不理解自己,孩子就有几倍于这种感受的失望,以及期待落空后的不开心。

为什么大人只看到自己的表达和付出不被接受呢?大人没有遵守诺言,为什么还要期待获得来自孩子的"礼貌回应"呢?因为"对方很辛苦",孩子就必须接受所谓的道德绑架，委屈自己，做出不情愿的选择吗？

又有网友探讨，说这件事情还可以从别的角度来看，大人和小孩儿的确各有各的道理，但教会小孩子"学会读懂别人爱的方式"不是一件更重要的事吗？孩子以后的人生中又会有几个人愿意用他期望的方式去爱他呢？那些方式不对的爱真的不值得接受吗？

我是这样想的：

第一，他可以"读懂别人爱的方式"，但拒绝接受是他的权利。

第二，孩子以后的人生中又会有几个人愿意用他期望的方式去爱他呢？用自己期望的方式的爱，难道不是基本的需求吗？当然，如果孩子爱一个人，我相信他也会懂得，真正的爱意味着给予对方所需要的，而非仅仅是自己想给予的。

如果都是道德绑架式的以不尊重他为前提的爱，那未免也太悲哀了吧。

爱，不就是以理解和尊重为前提的吗？

第三，方式不对的爱就真的不值得接受吗？"值不值得"这个说法，我不太喜欢。每个人都有自己的标准，但如果我不舒服了，难道连表达不舒服的权利都要被剥夺吗？为什么非要我妥协？难道年龄、资历、权威……就是我必须服从的理由吗？

这当然不是一件小事，因为越来越多类似的小事堆积在一起，就会演变成一次次的妥协。

生活中，亲朋好友聚在一起谈论孩子时，"好乖""真听话""真懂事"似乎成了大家公认的"美德"。

而"固执己见"这个原本带有贬义色彩的词，却成为拥有自己的想法、独立思考和有判断能力的"代名词"。我们就是这样丢掉整个自己的。

而我也相信，通过这件事，爷爷奶奶也被孩子上了一课：

第一，人要信守承诺。

第二，尊重是互相的，对待孩子，同样如此。

成语漫画书引发的烦恼

我给小群买过一套三十二本的成语漫画书。每本书里都收录了三十六个成语，通过深入浅出的方式讲解成语故事，又融入了幽默搞笑的元素，还涵盖历史故事和中国寓言。小群在阅读的过程中，不仅能够轻松地理解成语的含义，还能积累词汇。

他爱不释手，每天带四本去学校。但是孩子爸爸却不同意：一方面他觉得这样会让书包变得很沉，怕影响孩子身体发育；另一方面又担心他在上课时忍不住偷偷翻看，分散注意力，影响学习。

父子俩为此争吵了很久。

最后，我说服了孩子爸爸，请他尊重小群的选择。课外书是小群唯一能分享的东西——学校不让带任何玩具和零食。小群除了自己看，还借给关系好的同学，这很难得。

这套书实在是太受欢迎了，孩子们都争先恐后地借阅，几乎到了疯狂的地步。因为这套书，小群的社交圈逐渐扩大，人缘儿也迅速提升。不过，这也给他带来了一些烦恼。

"有人会趁我不在，直接翻我的书包，还动了我的画画本。"小群有些委屈地说。

"呃，这有点儿过分了。"

我心中愤愤不平——都十岁了，怎么一点儿礼貌都没有，不告而取是为贼。

我又让自己冷静下来：小孩儿嘛，不能动不动就把事情上升到过高的层面去评判。

我只好压住火问："那怎么办？"

"告诉他这样不对呗。没有我的同意，不能动我的东西。"

"嗯，你做得很好。"

"还有人在上课时偷偷看，我紧张得不得了，万一被老师没收可就惨了。"

"哎呀，"我跟着附和，"我听着都紧张。"

"最讨厌的是，"他仰着头，似乎在回想，"有人借了我的书，上课偷偷看不说，被老师发现了反而怪我，说：'是小群带来的，跟我有什么关系。'"

"真过分，"我说，"这样的人，下次再也不借给他了。"

"好的，再也不借给他了。"

我想了想，问道："你没有反驳他吗？"

他愣住，说："要怎么反驳？"

"就是告诉他：'我虽然把书借给你了，但我并没有让你在上课时看。你不但没有感谢我，反而把责任推给我，这样陷我于不义的境地，让我很生气。'"

他认真地听着，说道："我净顾着生气了，没想到要反驳。"

"还有,"他接着说,"还有的人,根本不按时归还,甚至不经过我的同意,把书借给了别人,别人再借给别人……到后来转了好多圈,我才找回来。"

"所以,即便是借书,也要有借书的规则。"

"什么规则?"

"就是你把书借给别人,你作为书的主人,希望他们怎么做,你才会愿意继续把书借给他们的规则。"

"哦,说得对。"他点头,"我们一起做一个。"

于是,我和小群一起制定了借书的规则,把写着规则的纸条夹在每本书当中,并写上了他的名字。

规则如下:

1. 请爱惜书籍,不得涂抹,不得弄脏。

2. 请在放学前归还。

3. 不得转借。

4. 请不要在上课时阅读。

5. 如有遗失,请原价赔偿。

如有违反，谢绝借阅。

看着他如释重负的样子，我突然"狡诈"地问："你没在上课的时候偷偷看吧？"

"才没有。"

他有点儿不屑于回答我的问题，撇撇嘴："你说的，学习是我自己的事情。我可不敢在上课时看课外书，万一没听懂，写错题，很麻烦的。"

"那就好。如果老师和我说你上课时看课外书，我可能会禁止你带课外书去学校。"

他笑着捏了捏我的胳膊，说道："知道啦。臭小子，别啰唆！"

他开心的时候，喜欢叫我"臭小子"。就像我开心时也这么叫他。

没给妈妈留午餐肉

有一次,小群放学回家后说饿了,但我还没做好晚饭,于是我就给他煎了一些午餐肉。一片片午餐肉被煎得粉中带着金黄色,香气弥漫了整个厨房。我给他盛了一盘,叮嘱他给我留一片,我下楼取个快递回来吃。

等我取完快递回来,发现盘子已经空了,"熊孩子"正趴在地板上玩乐高。

"对不起,打扰一下,"我说,"不是说好给我留一片的吗?"

"熊孩子"头也没抬地说:"对不起妈妈,因为太好吃了,我又太饿了,实在没忍住,下次肯定给你留,对不起妈妈，因为太好吃了，我又太饿了……

行吗?"

"唉——"我长叹一口气,装作很难过的样子说,"你心中如果对我有一点儿爱的话,也会给妈妈留一片哪。哼,每天说爱我,还不是假的,都爱到肚子里去了。"

"熊孩子"放下手中的乐高,显然有些生气:"我不爱你?我不爱你,那我怎么会给你小本本?"

他说的小本本是从班主任那里用积分换的小笔记本,几天前献宝似的送给了我。

我当时非常"惊喜"地接了过来,但没有太深入了解他的心意,以为就是普通的小本子,转头便扔在了抽屉里。

此刻他又提到,我不禁一愣:"小本本怎么特别了?送小本本就代表你爱我了?"

他气呼呼的,瞪着我:"你知道怎样才能用积分换到小本本吗?"

"呃,我还真不知道。"

"每天,我得在班里好好表现,上课不随便说话,按时完成作业,或者上课积极举手回答问题,这样的话就能获得一个积分。但是,一天最多只能获得一次积分,有时候我使劲举手,老师也不见得会叫我。那个小本本是我用了十天,获得了十个积分才换来的。"

没想到这么不容易。

我赶紧道歉:"对不起,妈妈误会你了。你在足球队训练了两个多小时,刚放学回家肯定特别饿,我没能理解你想把食物全部吃光的心情。抱歉,这和你爱不爱我是两码事,我不应该把它们混为一谈。"

他仍然觉得委屈:"妈妈,你知道吗?我本来可以用这些积分换手枪笔、水果橡皮什么的,想到妈妈也许会需要一个小本本,我都放弃了。"

原来那个小本本背后还有这样的故事。

感觉我没有用这个小本本写出一部获得诺贝尔文学奖的作品,都对不起他似的。

我继续道歉:"我现在感受到你的爱了,对不起,妈妈刚才没能理解。在我更爱你,还是你更爱我这个问题上,你赢了,你更爱妈妈。"

"本来就是。"

这下他开心了,扑哧一声笑了出来,还有点儿难为情,吐吐舌头,趴在地板上继续玩起了乐高。

就在我以为这件事已经结束了的时候,他突然低声说了一句:"妈妈,下次我一定会给你留午餐肉的,对不起。"

我心头一暖。

我把这件事情发到了朋友圈里,结果引来了几位朋友的指责,说我过于娇惯孩子,就应该让孩子重新给我煎一块午餐肉,并郑重道歉。

我不这么想。每个人都有自己和孩子的相处方式。成年人不必和小孩儿斤斤计较。要适当地妥协、退让,甚至主动认输,这也是在给孩子创造一个相对松弛的成长空间。

这和爱与不爱、有没有娇惯,没有任何关系。接受孩子有时候很自私的事实——有那么一刻,他就是忘记了承诺，不想分享，就是想吃独食。

就像我也会有非常享受独处、吃独食的时刻，那时我也不想和任何人分享。

帮助孩子进行低落情绪自救

朋友们,如果发现孩子情绪比较低落,要记得帮他进行情绪自救。

小群四年级时,班里要选出三位大队委,他的投票数排名第四,惨遭淘汰。回到家后,他没胃口吃饭,整个人垂头丧气的,不管谁跟他说话,他都漫不经心、爱搭不理的。看到他这样,我想帮他疏导一下情绪,于是问他:"是不是心情不好?"

小群头也不抬,回道:"没有。"

我不太相信,追问道:"没有竞选上大队委,肯定会难过的。"

他慢吞吞地说:"没有。"

"换成我,估计难过得都要哭了,在全班人面前落选得多难受,甚至要接连好几天都睡不着觉。"

他没吭声。

我接着说:"不过,这并不代表你不优秀,投票具有很大的主观性。同学们可能会因为竞选同学的竞选稿写得好不好、演讲风格是否吸引人,甚至竞选者平时的人缘儿,还有自己当时的心情等因素,而选择投给不同的人。妈妈觉得你能参加竞选,已经很勇敢了。"

他长叹一口气:"可我还是没选上。"

"但不代表你不优秀,是不是?你以第一名的票数当上了班长,还评上了海淀区'三好学生'。或许这次大队委的竞选,同学们在心中衡量的标准有所不同。"

他点点头:"我……确实还挺优秀的。"

我舒了一口气:"那就好。那你现在是不是挺难过的?"他拨弄着碗中的勺子,喝了口汤,没有回应,似乎默认自己此刻糟糕的情绪,同样让他痛苦。

我只好继续开导他："承认自己的情绪糟糕，也是很有必要的。把情绪发泄出来，会让我们感觉舒服些，这要比闷在心里，更有益于我们的身心健康。"

"来，"我拉着他的手，"我们现在练习表达情绪吧。"这下他连汤也不喝了，整个人趴在餐桌上，越发没精打采。

"我说一句，你重复一句。"

我握着他的手，说："妈妈，我今天落选了，好难过呀。"

他仍然沉默。

"来嘛，说一句嘛。"

我用另外一只手轻抚他的后背，说道："妈妈，我好难过呀。"

小孩儿终于眼泪汪汪的，艰难地开口说："妈妈，我好难过呀。"

"嗯，妈妈知道，妈妈陪你一会儿。"

我继续拍着他的背："我看书上说，对于男生来说，运动或者玩游戏可以更好地缓解糟糕的情绪或压力。你这么难过,怎么办呢?"

我皱着眉说:"要出去跑步吗?不过,你们班有晨练,下午又有足球课,我觉得你的运动量已经足够了。"

小群抬起头,难以置信地看着我。我一本正经地说:"你一周可以玩两次游戏,可今天又不是游戏日。看来,我只能勉为其难,要求你必须现在、立刻、马上去玩半个小时游戏了。"

"真的吗?妈妈,真的吗?"他破涕为笑,还有点儿难为情,似乎因为自己的情绪这么快就转变过来而羞于承认。

"嗯,当然是真的。"

我们成年人在情绪低落的时候,会想尽各种办法让自己心情好起来,这叫情绪自救。比如,有的人会吃冰激凌、烤肉这样的美食;有的人会买新衣服、化妆品来安慰自己;还有的人会找最信任的朋友倾诉,或者去看心理咨询师。通常来说,这些方法在女性中更为常见。

然而对于男性来说，他们可能更倾向于通过运动、玩游戏等方式来缓解糟糕的情绪，比如小群爸爸就喜欢用踢足球或者玩游戏的方式。

小群真的高兴了，开始大口大口地吃饭，三下五除二把汤也喝个精光，然后连跑带颠地从客厅拿过平板电脑，设置好三十分钟的闹钟，转头看着我，满眼期待地问："我现在可以玩了吗？"

我微笑着说："刚才是不是很难过？"

他点头："嗯，特别难过，妈妈，我刚才可难受了，一直回想着公布票数的那一刻。回家的路上也头重脚轻的。"

"嗯，我理解。"我大手一挥，"玩吧，去情绪自救吧！"

小群刚才阴郁的情绪一扫而光，眼睛里冒着光。这光我太熟悉了，这是期待的、快乐的光，也是热气腾腾、鲜活的光。

培养小孩儿做家务的能力

在和朋友聊有关育儿的话题时,我最大的感触是:我们家长对孩子的教育和培养不能光停留在书本上,生活教育的重要性更高,尤其要培养孩子做家务的能力,比如鼓励孩子帮忙下厨做饭。

朋友家有四口人,她老公因工作需要,经常出差不在家,平时就是她和十一岁的大儿子还有五岁的小儿子在家。

2022 年底,朋友最先出现感染新冠病毒的症状,她看着大儿子,认真地说:"爸爸不在家,你现在是咱家的顶梁柱,妈妈和弟弟就指望你了。"

没想到，这个十一岁的小男孩表现得异常出色。早上起床后就开始忙碌起来：做早饭、午饭，还用消毒液拖地，烧开水，切水果……特别能干。

朋友看在眼里，惊喜之余，连连夸赞孩子懂事、能干。

早上，哥哥给弟弟煮了鸡蛋、热了馒头，还给妈妈盛好饭，端到门口，并做好了个人防护措施。

中午，哥哥煮了面条，还加了荷包蛋和油菜，荷包蛋居然完好无损。他还打开了一罐牛肉罐头，跟弟弟一起分着吃了。朋友本来担心孩子们烫伤自己，强撑着病体去查看情况，却发现面条都煮好放凉了，兄弟俩正大快朵颐，还没忘记给妈妈煮一锅八宝粥。

隔天的早上，哥哥给全家做了海参鸡蛋羹。然而，这时两个孩子也发烧了，明显状态不好，而朋友已经退烧了，赶紧让哥哥休息。

在和朋友聊天的过程中，我们一致认为，孩子们表现得这么好，和平时让他们帮忙下厨做饭有很大的关系。

家长要懂得放手，让孩子大胆去尝试，家长在旁边看着，必要时指导一下，这样有助于孩子更好地掌握生活技能。

现在的家用电器设计得极为人性化，很容易操作。例如只需按一下按钮，热水壶就能自动烧水；洗地机让拖地变得轻松快捷；洗衣机能够自动完成洗衣任务；而电饭煲和空气炸锅等厨房电器更是简化了烹饪流程，为我们的日常生活带来了极大的便利。

朋友对她家孩子赞不绝口："他不光做饭，吃完饭还知道要刷锅刷碗！"

这是多么可贵的品质，老公都不见得做饭以后还会刷锅刷碗哪！

当然，在此过程中也有需要改进的地方。比如，第一次尝试煮粥时，由于水加得过多，结果粥煮得特别稀。朋友就强调了水和米的比例，下次再煮粥，孩子就知道了。

和朋友聊完后，我也很有感触。因为家里请了小时工来打扫房间，基本上不需要小孩儿帮忙做家务。房间太乱时，我虽然会唠叨几句，让孩子们清理、打扫并归置物品，但最后不是帮着收拾，就是任由玩具继续摊在地上。

这次我们达成共识：要让孩子们多做家务，帮助他们熟练掌握生活技能。这样，无论爸爸妈妈是否在家，他们都能很好地照顾自己；作为家庭的一分子，他们也能更好地照顾家人；往远了说，他们成家立业后，能够做得一手好饭，同时也能把家务打理得井井有条，这些都将成为他们生活中的加分项。

朋友说，尤其她说出"妈妈和弟弟就指望你了"这句话时，哥哥立刻郑重地点了点头，表现出极强的责任感。那一刻，朋友感受到了全家人共渡难关的力量。

跟朋友聊完，我就让小群做了午饭。我教了他煮米饭时米和水的正确比例，并鼓励他亲自动手煮米饭。菜是西红柿炒鸡蛋、菜花炒肉，还有煎带鱼。饭菜做好后，小群几次督促我过去吃饭，一家人开开心心地把米饭吃得一粒不剩。

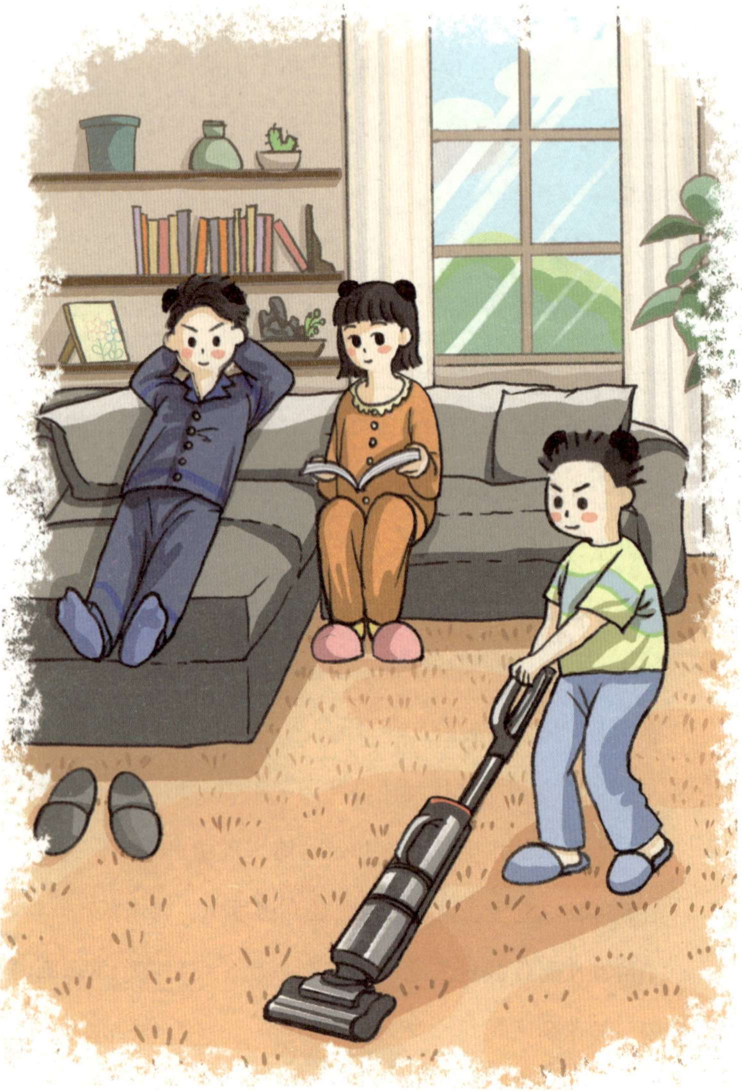

晚上我又让小群给洗地机加上消毒液并拖地,然后再用洗碗机洗碗。

更为关键的是,整个过程中,小群并没有感到疲惫或厌烦,反而觉得十分有趣。这主要是因为我们平时没有给他足够的机会去尝试和体验。所以,家长朋友们,得把我们的孩子们"利用"起来呀,从现在开始要好好帮助"熊孩子"掌握生活技能了!

希望公众多些包容、理解、耐心和善意

小群五岁时,有一次我独自带着他去旅行。上了飞机后,我叮嘱他坐好,自己则忙着放行李。这时,坐在小群前边的一位头发花白的老大爷突然冲我喊了一声:"姑娘!"

我赶紧放好行李坐下,询问道:"大爷,怎么了?"

大爷看了看我,又看了看小群,语气中带着一丝不满:"我身体不太好,可不可以麻烦你,管好孩子别用脚踢我的座椅靠背,我有点儿晕。"

我脸红了。

在公共场合,我一向注意这些,生怕因为自己带孩子出行，给周围的人带来困扰。我看到的社会新闻里，总不乏"熊孩子"在公众场合喧闹、划了汽车或破坏商家物品的报道，本身已经很有压力了。没想到只是放个行李的瞬间，就发生了让我一直担心的事情。

我很难为情。

一方面，因为自己的疏忽；另一方面，因为大爷的声音还挺大的，引起了其他旅客的注意。在大家的目光都看向我时，我觉得很没面子，似乎在他们的眼里，我是个没有素质的家长，纵容自己的孩子在公众场合打扰他人。

给他人带来了不便，惭愧之余，我连忙拉着小群向老人家道歉，又耐心向孩子解释，为什么不能踢座椅靠背。小群是个讲道理的孩子，又再次单独向大爷道歉。

接下来四个多小时的旅程里，我的心始终悬着，因为座位狭窄，又不能站起来活动，对于一个五岁的活泼好动的小男孩来说，他会很难受。

坐在飞机上的他，好奇又兴奋，活力十足。东摸西摸，问东问西，用手摇晃前面的靠背或者不知不觉用脚踢，都是很难避免的。

那四个小时里，我几乎没做任何事情，全程高度紧张，提醒他不要大声喧哗，紧紧盯着他，生怕他再次踢前面的座椅靠背。

终于到达目的地。

我带着小群准备下飞机，前座的老大爷突然回过头，冲着我们笑了笑，说："谢谢你呀，姑娘。小孩儿正是活泼好动的年纪，一路上我都在听你叮嘱和提醒孩子，我让你为难了。"

那一刻，我的心中充满了复杂的情感，既有说不出的感激，也有被深深理解后的释然，更夹杂着以前面对同样困扰时言辞过激而生出的迟来的羞愧之心。

但压在心头的却是深深的疲惫感。

在长达四个小时的旅途中，我始终保持着小心谨慎的态度，丝毫不敢放松警惕。然而，这种过分的紧张也影响到了孩子，让他也变得手足无措。

之前看新闻时，我经常看到有旅客带孩子坐飞机，会提前写好孩子有可能哭闹的道歉信。更有甚者，还会为同机的每位旅客准备一次性耳机和糖果，以减轻可能带来的不便。这样做的家长赢得了网友们的高度赞赏，大家纷纷表示："这样的家长太有涵养了，如果所有的家长都能这么做就好了。"

看完这些报道，我心里感到有些不是滋味。

或许直到此刻，我才真正意识到自己不舒服的原因：我并不认同那种提前准备道歉信或者赠予小礼物的做法。因为这意味着只要带着孩子出行，就必须时刻紧绷神经，确保孩子每分每秒都乖巧安静，决不可以打扰别人，否则就显得自己"低人一等"，必须以一种卑微的姿态去弥补可能造成的任何不便。

说到这里，必须高度赞扬厦门航空的做法。有一次，我坐厦门航空的航班，刚上飞机，空乘就为小朋友们提供了飞机图案的拼图，孩子们瞬间安静下来，低头玩起拼图来——这是航空公司为小朋友的成长所提供的公共支持。

家长们不过是带着自己的孩子正常出行,仅此而已。

他们不需要低声下气,自觉低人一等。

他们也做不到时时刻刻看住孩子不吵闹,不在公共场合大声喧哗。

然而,在许多公共场合,人们往往一看到小孩子就感到头疼,表现出嫌弃甚至是鄙夷的态度。

小孩子确实很吵闹,我也曾在乘坐公共交通工具时,遇到过小孩子跑来跑去、大喊大叫、哭闹不止的场景。

但小孩子天生就是这样活泼好动啊。

刚出生的宝宝不论怎么哄，就是会动不动就哭闹，这种情况会不分昼夜，也不分场合地持续着。几个月乃至几岁的孩子，不论大人怎么明事理，如何有涵养，他们就是会爬、跑、跳、打闹……用自己的方式去探索这个世界。

每个人都是从小孩子长起来的，在成长的过程中，年幼时的我们往往缺乏自我意识，难以控制自己的行为，可能会因为一时的高兴或缺乏自制力，在公众场合打闹喧哗，不经意间影响了他人，而很多人都包容了那时的我们。

每个人都有过的。自认为绝对没有的，可能是忘记了。

所以，给予在公众场合喧哗的婴幼儿一定的善意、包容和理解，应该成为每个公民的责任。

这可视为对自己曾经得到过的包容和宽容的一份回报，也是身为这个国家的公民，对这个国家未成年孩子的成长给予的一部分公共支持。

现在公众对所谓"熊孩子"的不满,已经逐渐呈现出负面化、攻击性甚至极端化的倾向,这让很多父母在带孩子外出时倍感压力。我经常在微博上收到家长们发来的私信,讲述自己遇到的类似苦恼。

小孩子在公众场合的扰民行为可以归结为几种情况:首先是年龄尚小的婴幼儿,他们可能因为无法用语言表达而显得"无理取闹",就是怎么哄也哄不好;其次是父母可能缺乏育儿经验,并不懂得孩子当下的需求;再者,有些情况是父母对孩子的行为放任不管。这些情况都需要我们具体问题具体分析。

每个人都曾经是孩子,也有人即将、正在或已经有了自己的孩子。

而所谓长大成人,意味着每个孩子在成长的过程中,除了父母、老师、亲朋好友,他们更需要来自社会各界的支持。

中央电视台前主持人李小萌在她的《你好,小孩》

一书中，提到了建立"儿童友好型社会"，这一点我特别喜欢。

她在书中是这样表述的："你的孩子不只是你的孩子，他也是这个社会的孩子；别人的孩子也不只是别人的孩子，他们就是你的孩子未来的社会伙伴。他们会一起竞争、一起协作，完成属于他们那一代的时代任务，接替我们去继续建设这个社会。所以，你想让孩子们在什么样的社会中长大？这个问题不仅涉及你的孩子，还涉及所有的孩子。让所有的孩子被善待，值得举全社会之力。"

尤其看到那句"你不知道为了让自己的孩子显得有教养、懂规矩，为了不会招来邻桌的白眼，父母们付出了多少努力"，我的内心涌起无尽感慨，几乎要泪流满面。

我们决不应该用成年人的礼仪标准去要求每个年龄段的孩子。

希望更多的家长能够教育好自己的孩子，在公共场合不大声喧哗,不打扰他人,不破坏环境……不给他人带来困扰。

也希望更多的人,遇到带孩子的家庭带来的困扰时,能够少一些戾气,多一些包容、理解、耐心和善意。

原本,我们是可以采取更温和的方式去解决问题的。

番外篇

保护他此刻非常容易获得的快乐

小群去参加朋友的生日聚会，回来后很不高兴。朋友五岁的弟弟一直"威胁"他，声称如果不带自己玩，就不给他吃蛋糕。他垂头丧气地说："唉，为了蛋糕，只好带他一起玩。可很多东西他不懂，需要没完没了地解释，好扫兴。"

我非常惊讶地说道："和弟弟玩也不错啦。不过，如果你非常不想和他玩，可以拒绝的。"

他看着我说："我当然知道，但是……我想吃蛋糕。我们家要过好久才有人过生日，才能买生日蛋糕呢。"

可是，并没有法律规定说只有过生日才能买蛋糕哇。"明天！"我拉着他的手说，"明天是周末，你放学了我们就去买蛋糕！"

小家伙愣了一会儿，差点儿蹦起来，眼睛直直地盯着我问:"真的?"

"真的。"

一个蛋糕能让小孩儿这么快乐,何乐而不为呢?成年人的快乐就不是那么轻易地用一个蛋糕就可以换来的。我想保护他此刻非常容易获得的快乐。

番外篇

这都是你应该做的

我带着小群、小阔和朋友去饭店吃饭。

隔天朋友对我说,吃饭时我征求小群的意见,问他可不可以把炒饭分一半给弟弟,她觉得很感动。

"我小时候的玩具和书,我妈都是随便送人,从来没有问过我。一看小群就是在得到尊重和爱中长大的,他将来的性格一定会很好,成长得很好。"

我高兴地跟小群分享了这件事,问他有什么感受。

他认真地看着我说:"这都是你应该做的。"

那些被我们深深爱着同时也深深爱着我们的小孩儿啊,带给我们的快乐,远远多过我们所付出的。

第四章

孩子们也在给我们浇水、施肥、晒太阳

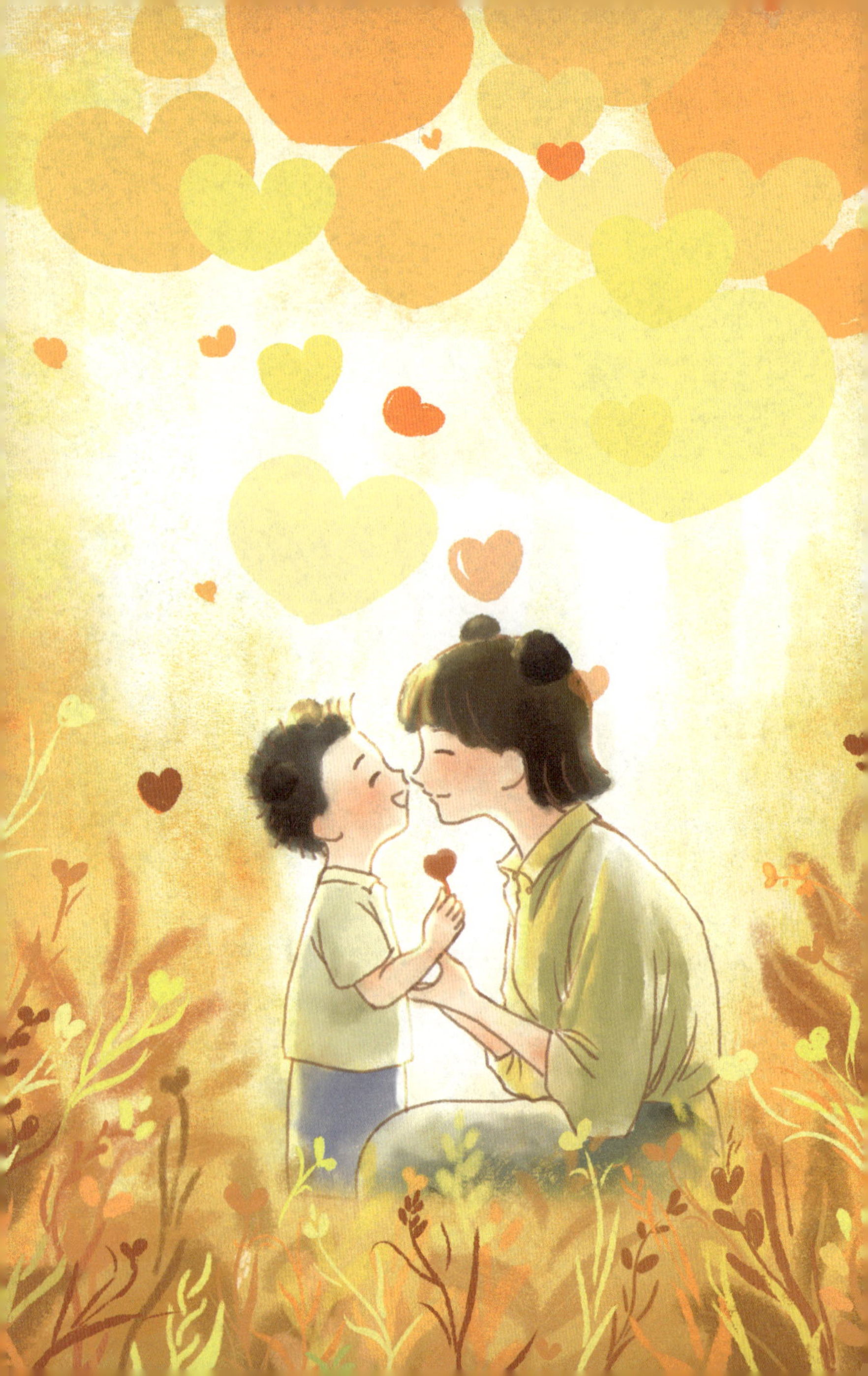

不要以为孩子不明理

有一天，小阔给我上了一课。我上午带他去打疫苗，一想到他又要闹着买医院里卖的玩具小汽车就很头疼。

说来也是我的问题，意志不够坚定。之前小阔在北京儿童医院复查川崎病，每次去复查，都要抽静脉血，做心脏彩超和心电图等检查，这对孩子来说，是一段很痛苦的经历，每次抽血时小阔都哭得撕心裂肺的。医院各楼层都有玩具小汽车自动售货机。为了让孩子高兴，我就答应他每次去做检查时都可以买一辆小汽车，有时候一辆还不够，需要两辆。就这样，他养成了每次去医院都要买小汽车的习惯。

这次去打疫苗，一听说去医院，小家伙高兴地蹦起来："又可以买汽车了！"我心里盘算着怎样绕路走，让他看不到自动售货机，或者任凭他哭闹，还是狠心拒绝他……最终想了想，决定先和他商量，定个规则。

我问他："我们这次是去医院打疫苗的，可以不买汽车吗？"

他愣了一会儿，问道："为什么？"

"首先，家里已经有很多小汽车了；其次，我们约好一个月只能买一次玩具，半个月前给你买了一辆电动奔驰汽车模型，所以这个月已经没有买玩具的预算了。"

我紧张地看着他，生怕他大哭大闹，没想到他只是歪头想了想，说道："好的，我不买。"

我激动地对他说："谢谢你，你真是个讲道理的孩子。"

早知道这样，我早就和他说了。

我们直奔医院，经过卖小汽车的自动售货机时，我的心悬着，小阔却一边轻松地走过去，一边说："今天约

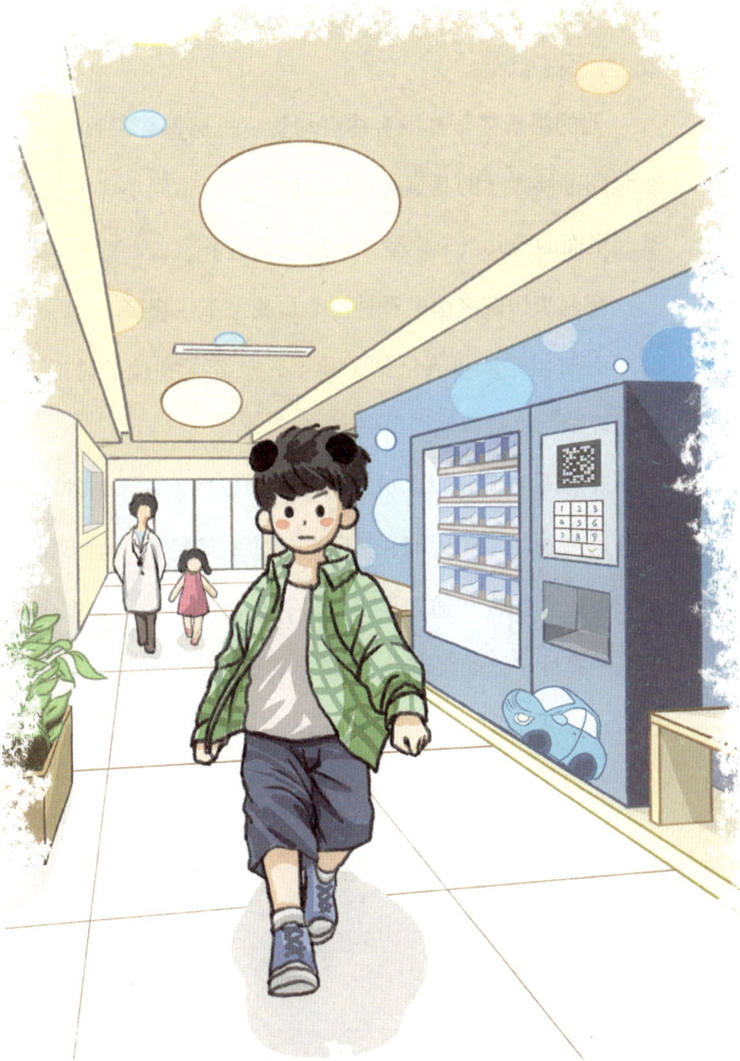

好了,不买汽车。"

他的眼睛甚至都没有往自动售货机那里看一眼,直接跑到等候大厅的儿童游戏区,脱了鞋,钻到小房子里,拿起里面的公共汽车模型开心地玩了起来。

想起来医院之前的种种担心,我忍不住想笑。

有时候是成年人低估了孩子,放弃了和他们讨论、制定规则,直接替他们做决定。

小孩子其实是很讲道理的,我们要注重从小培养孩子讲道理的习惯,提前和孩子沟通,共同约定,而不是家长单方面拍板和通知孩子结果,也不是心中暗自有成年人的算计(比如绕道走),或者明知不应该却因为不忍心而一味纵容。

谢谢小阔教会了我这个道理。

两个孩子给我上的一课

在飞机上等待起飞的时候,坐在我后面的虎背熊腰的大汉,一直在踢我的座椅靠背。

因为天气原因,飞机不得不长时间滞留,我们等了快一个小时,他踢了一个小时。

一下,两下,……十下,三十下。

震得我头发昏。

但我并没有勇气扭过头说:"请你不要踢座椅靠背了,我很难受。"带着两个孩子出行,我很害怕和别人起冲突。万一对方不是个讲理的人,二话不说直接动手打人,为了孩子,我也不能跑。

所以我一向能忍则忍。

有时候挺怀念二十来岁的自己,那个时候的我懵懂无知又无畏,坐地铁时如果有人不懂得先下后上,我都敢正面撞过去,或者大声斥责。

然而,随着年岁的增长,现在的我反倒越发懦弱。

等了一段时间后,广播通知说可能会改变飞行路线,并请所有乘客暂时下飞机,转乘摆渡车休息,因为飞机需要进行加油作业。

于是乘客全部下了飞机。

往外走时,大汉的女朋友(也许是老婆)抱怨着:"哎呀,坐在我后面的男人一直踢我的座椅靠背,太讨厌了。"

大汉听了以后没吭声。

我心里暗自嘀咕:"是吗?听你抱怨的人也做了同样的事情。"

上了摆渡车后,我和小群吐槽这件事情。

小群不解:"你为什么不制止他?"我说我不敢,我怕惹怒他，引起不必要的纷争。万一他突然动手，打也打不过，就麻烦了。小阔也急了："妈妈，我去跟他说！我可厉害了。"小家伙紧紧抱着我的脖子："妈妈，我去说：'我妈妈不舒服，你不能这样做。'"小群也说："你教育我们不要去踢座椅靠背，为什么别人踢我们的座椅靠背时，你却连站出来制止的勇气都没有？"

我无言以对。

小阔已经开始在人群里寻找，小手对着人群指来指去："妈妈，是那个穿黑色衣服的叔叔吗？"

我吓得赶紧抓住他的手："不是。"

"是那个戴白色帽子的叔叔吗？"

"不是。"

"哦，那一定是那个穿橙色鞋子的叔叔了，我去找他。"

小阔说完便要朝那位男士的方向走去。

我大惊，赶紧拦住他："不是，他不在这辆车上。好了好了，谢谢你想要保护妈妈，但这是我的事情，请让我自己解决。"

小阔似懂非懂。

重新登机后,看到那位大汉已经坐在座位上,我鼓足勇气,心想无论如何,我都不能让我两个未成年的孩子去帮我处理这件事情。

言传身教,身体力行——小孩子永远是看大人怎么做的,而不是怎么说。

我正默默地在做心理建设,小阔已经用手指着那大汉了,说:"妈妈,是这个叔叔吗?是这个叔叔一直踢你的座椅靠背吗?"

我吓得赶紧攥住他的手说:"请让我自己说。"

小群也看出我的尴尬,帮着阻止:"妈妈的事情,让妈妈自己解决。"

小阔同意了。

我默默地坐下,心想只要大汉再踢一次我的座椅靠背,我一定站起来制止他。

这是我正当的权利,是我应该要做且必须做的事情。

但不知道是他的恋人的抱怨让他有所反省,还是他听到了我和孩子们的对话,总之,在接下来的三个多小时的飞行过程中,大汉再没有踢过一次座椅靠背。

这是我的孩子给我上的一课。

上外教网课前的崩溃

我不会因为某个时刻的我展现了在别人眼里"不好"的那一面,而去否定、嘲笑、挖苦自己。

我依然是我。

有着不同一面的我,热气腾腾活着的我。

1

如果回想起曾经愚蠢、软弱、无知、怯懦、卑微的自己,你会觉得可笑和可怜吗?

你能接受那样的自己吗？还是一直回避，从来不敢回头望，假装那件事从未发生过。

有一次，小群决定要挑战自己：用血糖仪的采血针扎破手指肚，独自测一下自己的血糖值。事情的起因是我买了一款血糖仪，这款仪器是一位医生朋友精心挑选后推荐的。据说她在尝试了国内外众多品牌后，选中了这款操作简便、疼痛感最小且准确度高的血糖仪。收到血糖仪后，我们轮流测量了各自的空腹血糖值。小群看到后，表示自己也想要测一测。

一开始我是拒绝的。我太了解这小子的性格了，每年一次的体检，就光是抽个指血，还是那种带弹针的，他都能哭哭啼啼闹上半天，一边喊着"爸爸妈妈，我还没准备好"，一边又说"我的勇气没有了，你让我再攒攒"，真要由着他，等到天黑都不可能抽上。

小家伙被我拒绝后，气鼓鼓地质问我："我凭什么不能测？"我毫不客气地指出问题所在："因为你一测就哭哭啼啼的。""那是以前，"他的眼睛瞪得圆圆的，"我现在长大了,早就不那样了。你为什么不能信任我?"我看了下时间,距离外教在线课还有半个小时,心想这并不影响上课,便同意了小群的请求,把血糖仪递给了他。

2

小群迅速打开血糖仪的盒子,麻利地给采血笔插上针头,再将试纸撕开放到血糖仪上,接着用酒精棉片往手指上蹭了蹭,消完毒以后还颇为得意地瞥了我几眼,意思很明显:看,我没哭吧?

然后……他左手拿着采血针,一点点接近他消好毒的右手的无名指指肚时,手已经抖得我不忍心看了。

是的,多么熟悉的场面:哭哭啼啼的时刻要来了。

"熊孩子"眼圈已经红了,眼泪呼之欲出,手里的采血针一点点接近手指肚,又一点点分开,眉头紧锁,嘴巴张得老大,就那么短短几秒,他突然嗷地叫了一声,带着哭腔喊："妈妈，我怕疼！"眼泪吧嗒吧嗒地往下掉，别人看见了还以为我揍了他一顿呢。

我慢慢在他身边坐下，抓着他的小手，用我尽量能够做到的温和的语气说："如果你很害怕，那就不扎了吧。"我的劝慰没有起到一点儿作用，"熊孩子"突然情绪失控，边哭边喊："我就要扎，我就要扎，我就要扎，我就要扎！"

"好吧，既然你这么坚持，你扎吧。"我说着，轻轻拍了拍他的小手，"我陪着你。"他抹了一把眼泪，继续试图让采血针靠近手指肚。

未果。

"熊孩子"号啕大哭，大吼大叫："我不敢，我不敢，我不敢！"

"那就不扎了，没事的。扎了并不代表你就勇敢，不扎也不代表你就懦弱，没关系的。"

我把他搂在怀里，上下摩挲着他的后背安抚他。实际上，此刻"熊孩子"的情绪已经失控了，在这种情况下，无论别人说什么都只会是火上浇油，起不了任何作用的。等我想明白了这一点时，距离上课时间已经只剩下五分钟了。

我需要让他的情绪在这五分钟之内恢复冷静，确保他能准时上课。

可是"熊孩子"的情绪还在崩溃中，眼泪跟暴雨似的哗哗直流，这种状态别说要和外教互动了，听课都不见得能坚持下来。

3

我很焦虑。

"宝贝，你能不哭了吗？马上要上课了。"

"呜呜呜……我忍不住。"不问则已，我一问，他的眼泪和鼻涕齐刷刷地流下来，有的甚至流进了嘴里。"熊孩子"边哭边拿面巾纸狠狠地擦着，然后一使劲，鼻涕又被撺了出来，这场景真是让人哭笑不得。

"咱先不测血糖了，上完课再测好吗？"我抱着他，试图让他平静下来。

但仍是徒劳。他只想发泄，大声地哭，再大声地哭。"我就是想哭，我没法儿控制我自己！为什么我这么胆小不敢扎？为什么？为什么？"我默默地看着他，觉得又好气又好笑，我也想知道为什么呀！关键是他一边哭还一边在沙发上滚来滚去，把沙发罩都蹭了下来，皱巴巴地堆在垫子上。我在心里默默地念了无数遍："亲生的，亲生的……"

我继续好言好语地安慰着："宝贝，害怕很正常啊，妈妈这么大了，也怕扎针，妈妈住院时护士给我输液，我都不敢看针头的。"

他丝毫没有听进去："我想扎手指，我想测一下自己的血糖，我想像你们一样，自己操作血糖仪。""那我们先不扎了，先上课。"

已经来不及请假了，这个时候请假会扣课时。事后回想起来，其实扣课时也没什么大不了的，总比让小群

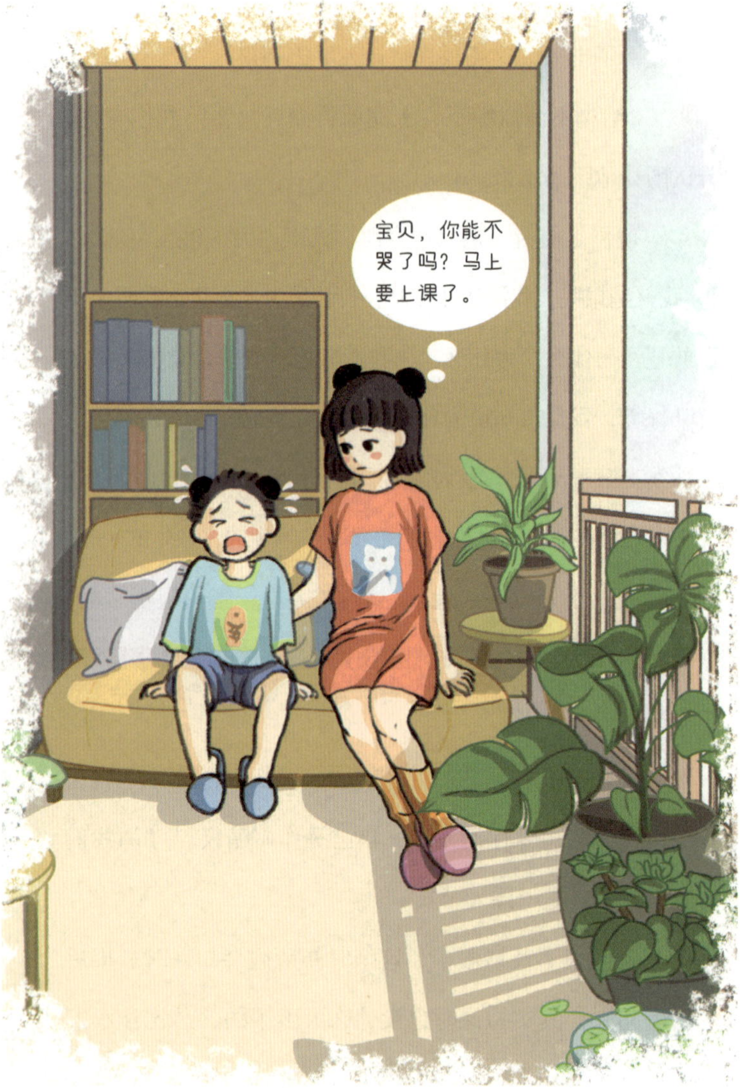
宝贝，你能不
哭了吗？马上
要上课了。

哭着上课要好。可是，我也是第一次碰到这种情况，经验不足。当时场面有点儿混乱，在我安慰小群的同时，才刚学会走路的小阔，绕过姥姥、姥爷和阿姨的视线，飞快地跑进卫生间，用手欢快地拍打着马桶里的水，并发出咯咯咯的大笑声。没错，因为有两个男孩，所以家里经常陷入各种混乱中。全家人慌乱地跑向卫生间，把小阔带出来。

说回小群，我迅速做了决定，既然是他自己坚持要测血糖的，他也是知道今天有外教课的，本着"既然做了就要承担责任并付出代价"的原则，我陪着小群进了他的房间，打开平板电脑，进入外教在线课程的教室。

小群迅速擦干眼泪，但眼睛已经哭得红肿。那位二十多岁的美国小伙子看到小群凌乱的头发和红肿的眼睛惊呆了，问道：

"Why do you look so sad?"（你为什么看起来这么难过？）

小群说不出话来，这次不是号啕大哭了，转为无声地抽泣。

"You are so sad, I am sorry. What happened just now？"（你这么难过，我很抱歉。刚刚发生了什么事？）

我想解释，但发现很多单词我都不会说。比如，"血糖仪"用英语怎么说？"害怕但又想坚持"怎么表达？"扎手指"和"情绪失控"又该怎么翻译呢？都是我不好，当初没有好好学习英语，不然也不会像现在这样尴尬。这个美国人不会以为我在虐待小群吧！

我也想哭哇。

4

一节课二十五分钟，前十五分钟小群一直在哭。外教尽力了，他几乎使出了浑身解数，用肢体语言和道具尽力逗小群开心。小群逐渐平复了情绪，在距离下课只剩十分钟时，他开始与老师顺畅地进行交流互动了。

在离下课只有一分钟的时候,外教说:"虽然我不知道是什么让你这么难过,但作为老师,我希望你能快乐起来。"我担心如果不解释清楚,这位美国小伙子可能会误以为我虐待儿童,甚至打国际电话投诉。于是,我迅速找到了在线翻译工具,将事情的大致经过翻译成英文,并通过语音播放给外教听。经过一番解释,美国小伙子终于明白,小群并没有遭受任何家庭暴力。那一刻,我们都松了一口气,小群的眼泪也止住了。下课后,小群的情绪彻底平复了下来。

他慢悠悠地走到茶几旁,拿起一袋酒精棉片重新消毒。接着,他迅速抓起采血笔,眉毛都没皱一下就直接刺破了手指。随后,再将血糖仪紧紧贴在流血的手指肚上,完成了血糖的测试。血糖仪的电子显示屏上迅速出现了测试结果:4.9mmol/L(毫摩尔/升)。

小群的操作行云流水,整个过程不到一分钟,检测结果显示小群的血糖值在正常范围内。我真是哭笑不得,问小群:"疼吗?"他有点儿不好意思,回答:"几乎不疼。""那你之前哭成那样，好不好笑？"

窗外传来孩子们的欢笑声。

正值暑假，各个年龄段的孩子们整天在外面"疯跑"，不分时间，不分地点。刨坑的、爬树的、拿着水弹枪互相射击的、滑着滑板车高声歌唱的……他盯着窗外看了一会儿，才回我："我不觉得好笑。"

"为什么呢？""因为……因为……""熊孩子"咬了咬手指，犹豫着，末了还是大声说道："因为不论是刚才特别害怕的我，还是坚持想用采血笔扎手指肚的我，或是大哭的我，那都是我，同一个我。"我默默地看着他。

他继续说道："那都是我当时真实的感受。没什么好笑的。"

5

我本来想给他上一课的，没想到反而被他上了一课。

我把做好的水果奶昔递给他。白色的酸奶里，有绿莹莹的牛油果、鲜艳的红心火龙果，以及来自新疆的哈密杏——酸酸甜甜的让人看到心情都会很好的橙红色的哈密杏。

　　的确没有什么好笑的。谁没做过几件蠢事？谁没说过一些蠢话？谁曾经都会有软弱、无知、怯懦、卑微、沮丧……以及情绪崩溃与失控的一刻。也许在别人眼里，这样很丢脸、很失败，甚至被人瞧不起。但是没关系，真的没关系呀。

　　至少我们能接受自己；而且那样的自己，也是绝大多数时间平静、温和、冷静、理智、热情、笃定、情绪稳定和愉悦的自己。

　　我不会因为某个时刻的我展现了在别人眼里"不好"的那一面，而去否定、嘲笑、挖苦自己。

　　我依然是我。

　　有着不同一面的我，热气腾腾活着的我。

在学校如何拒绝
同学的不合理请求

晚上陪小群睡觉时,他躺在床上,似乎回忆起学校的事情,气呼呼地说:"我们班的 A 啊,他啥都跟别人要,人家的彩泥、笔、橡皮、课外书,没有他不想要的。"

"哦,是吗?"

"嗯,"他继续说,"今天居然想要我的乐高迷宫书。"

他说的是我给他买的乐高原版书。书里不仅有贴纸、迷宫游戏,还有情景代入的设计,是很多男孩的最爱。

据小群讲,他每天都把这本书带到学校,午休时,只要他喊一声"谁玩乐高迷宫",立刻就会有一大群孩子围拢过来。因为迷宫游戏太热门了,所以他还设定了一个规矩：先答出同桌QQ出的脑筋急转弯才能玩一次。如果人太多，那就得连续答对十个问题才能玩。

我问他："A跟你要这本书，你当时怎么回答的？"

小群毫不犹豫地说："我不给你！"

"还有呢？"

"我就不给你！"

即使小群再生气，除了这几句，他也不太会说其他过分的话。

我心里琢磨着，小群还真是词穷，正想着，他突然笑起来，笑声起起伏伏，时高时低，听起来像是回忆起了特别好笑的事情。小群笑累了要歇一会儿，但是因为太好笑，忍不住又要笑。

他终于忍住笑说："妈妈，你知道吗？幸亏有QQ。"

"哦？"我问，"QQ怎么了？"

"A跟我要乐高书的时候，我只会说：'不给你！'但是QQ看不过去了，她冲着A大声说：'你想得美！你做梦去吧！'"

这简单、粗暴的拒绝，对应着 A 的过分、不合理的要求，听着着实解气。

我和小群一起笑了起来，我想象着当时的画面，觉得有些解气的同时，又隐隐对 A 有些同情。

小时候家里穷，上初中前，我基本没穿过新衣服、新鞋子，大都是等着表姐穿不下的衣服给我穿。别的小孩儿轻易就能有的东西，我却很难得到，更别提什么玩具。这些让我感到羞赧与失落的瞬间，贯穿了我的整个童年。

不知道 A 是怎样的情况，是确实家境不好，还是父母管得太严，限制了他在这些方面的消费。又或许，A 只是单纯地喜欢这些事物，出于一种孩子对新鲜事物的好奇和渴望，甚至可能带有一丝嫉妒的心理，希望自己也能拥有。往好的那一方面想，A 喜欢就直接开口要，有这样的勇气，还挺让人佩服的。而我那时的做法却截然不同，对于喜欢的东西，我假装完全不感兴趣，甚至别人主动借给我，我都不予理会，生怕自己掩饰不住眼中流露出的对某物过于喜欢却根本不可能拥有的失落的神色。或者怕被同学嘲笑：

"她也配拥有？"

"她家很穷的。"

"根本买不起。"

……

一切不过是出于我自卑的心理，无法控制的臆想。

我把我的心路历程讲给小群听后，他抱了抱我——同情的、理解的、安慰的拥抱。

"好啦，"他说，"如果A再这样说，那我就借给他玩一会儿，但我会明确告诉他，只是借给他，而不是给他。"

"嗯，我知道。"我说。

我被他的善良所感动，又说："我也不是这个意思，你当然可以不借给他——你有权利拒绝他，拒绝任何人。任何人都要为自己的言行负责，说了什么或做了什么，总要为后果付出代价。只是妈妈刚才想到了自己曾经的处境，和你没关系。"

那些在我们眼中显得"异常""不合理"，甚至"过分"的他人的表现，也许有他们自己的苦衷。

我分享我的经历，不是为了强求孩子按照我的想法行事。

只是，在这个世界上，遇见了和我不一样的人，就愿意试着从对方的角度去理解。我所能想到的理解。

小孩子的隐忍和表达

如果亲人采取简单粗暴的方式伤害了我们，盛怒之下，我们会不会有特别大的恨意甚至极端的想法？也许成年人会吧，但小孩子则有着他们独特的应对方式。

有一天晚上，小阔非要抢哥哥的小汽车，抢不过便号啕大哭。那时，小阔的川崎病刚痊愈不久，姥爷担心他过于激动会影响健康，便劝小群暂时离开卧室，让弟弟冷静一下。奈何小群不肯，姥爷心疼小阔，一时气急，大声呵斥道："再不出去，就揍你了！"一边说，一边把小群拖出了卧室。

我闻声从卫生间里出来时，小群已经跑到房间里愤怒地大吼着,哭声震耳欲聋,声嘶力竭。他一边抽泣,一边手里拿着笔,在一张纸上写着什么。看到我进来,他哭得更委屈,抽泣声此起彼伏,越发凶猛。

我搂过他安抚了一小会儿,了解了整件事情的来龙去脉。待他情绪稳定后,我向他解释了弟弟的病情和姥爷的担忧,同时也认同了他的观点,弟弟抢他玩具是不对的,并承诺会让弟弟向他道歉。我还告诉他,每天都在长大的弟弟正在慢慢学着讲道理。对于姥爷的处理方式,我承认确实伤害了他的自尊心,并且这种方式有点儿粗暴,我会跟姥爷沟通,让姥爷向他道歉。

他的情绪慢慢平复下来后,说道:"为了让弟弟尽快康复,我自己受些委屈也没关系,我能撑得住。"

听到他这么说,我也跟着眼圈泛红,忍不住想哭。小孩子是讲道理的。只要我们大人能够耐心地引导他们,把话说明白,他们就能理解并接受。

然后我看到他胳膊下压的那张纸上的字,那是他在遭到了姥爷简单粗暴的对待后,在自尊心受到严重伤害

和极度愤怒之下,写在纸上的话:

姥爷对我的爱

100-1-1-1-1-1-10

等于

85分

是的,85分。如果按照我当学生时的分数标准来说,90分以上是优秀,80—89分是良好,70—79分是中等,60—69分是及格。

在那样愤怒、委屈,鼻涕眼泪齐流,上气不接下气的情况下,他觉得姥爷对自己的爱,还在良好的阶段。

85分呢。我搂着如此善良、懂事、讲道理、可爱的小群,狠狠地亲了几口。

作家王朔曾说,养小孩儿当然是很累很累的,要付出很多。可是呀,那些被我们深深爱着同时也深深爱着我们小孩儿呀,带给我们的快乐,远远多过我们所付出的。

当了卫生委员

在接小群放学回家的路上,小群手心朝我一摊。我一看,哎呀,红白相间的两道杠(少先队中队长或者中队委的标志)。

"选上了?"我问他。

他抑制不住内心的喜悦,虽然还有点儿不好意思,但想要炫耀的心情战胜了害羞,眉毛舒展开来,整个人喜滋滋地说:"嗯。"

"多少票?"

"二十票。"

"恭喜你呀,竞争激烈吗?"

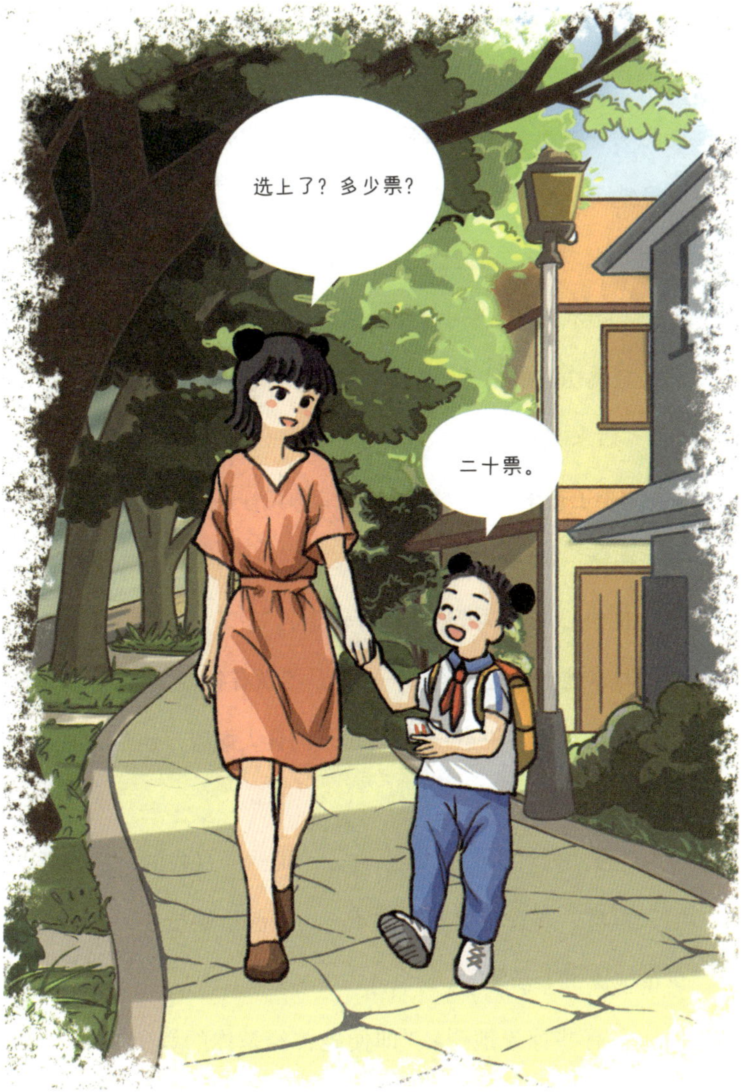
选上了？多少票？
二十票。

"本来没人和我竞争，可是，"他托着腮说，"我们班的薇薇，她准备了好多份竞选稿，每个职务她都要站起来竞选。开始根本没人投她的票。"

"啊，这么执着？"

"是呀。我们班小王还大拇指朝下喝倒彩，讽刺她，然后她就伤心地哭了。"

"后来呢？"

"小王被李老师批评了，李老师说任何人都没有资格嘲笑薇薇，她这么勇敢又执着，大家应该鼓励她。"

他小心地抚摸着两道杠，说道："后来，我竞选卫生委员时，她也站起来竞选了。但是票没有我多。"

我也笑了，说道："但是她真的让人佩服，还写了那么多份竞选稿。"

"啊，到后来我被她感动了，我就号召我的好朋友们，车车、齐齐、刘刘、童童……一起给她投票。我至少帮她拉了十来票呢。"

我有些惊讶地说："即便她曾经是你的竞争对手，

跟你竞争了同一个岗位，你也愿意给她拉票，帮助她竞选吗？"

他愣住了，像是完全没有考虑过我的问题，说道："她和我竞选同一个岗位，我就不能帮她？这是谁规定的？"

"没有没有，"我自知失言，"也不是，妈妈随口说的。"

小群继续说："她真的太让我感动了，我心里……"

他挠了挠耳朵，眨着亮晶晶的眼睛说："因为她一次又一次站起来竞选，我心里觉得暖暖的，好像控制不住自己，脑袋里有个声音说'赶紧帮帮她吧'。"

我心里也一热，说："你做得对，宝贝。你也让我感动。"

"不过，"他压低声音说，"也有个让我没办法理解的事情。"

我等着他继续说。

"就是我的好朋友刘刘，本来他在今天之前，是我们班的代理体育委员。他每天都非常认真地对待自己的工作,老师都说他进步了。他和我们说好今天竞选体育委员的,结果老师问谁竞选的时候,他放弃了。"他的语气里满是不解,"他甚至都没有站起来。"

"为什么?"我也好奇。

"因为同学们都说他三年级的时候总是调皮捣蛋,虽然现在升四年级了,表现好了一些,但谁知道他会不会哪天又调皮捣蛋呢?反正就是根本没资格当体育委员。还不止一个同学这样说。"

"噢,这样啊。"

这两个小孩儿真的是两个鲜明且极致的对比。

一个就是想当班干部,至于当上哪个职位都不介意,班长、学习委员、纪律委员、卫生委员、体育委员,老师问到哪个,她都要站起来竞选一轮。

不怕被拒绝,不怕失败,也不怕被人议论和嘲讽。即便我们大人也很难做到。

而另一个,听到越来越多质疑的声音,干脆连尝试都不敢，选择了放弃。

我们俩沉默了一会儿。

我拍拍他的头说："不管怎么说，恭喜你呀，这可是你第一次当班干部，开心吗？"

"嗯，开心。就是唱票的时候有些紧张，怕大家不选我。"

"理解，换作是我，我也会紧张，又会有些兴奋，期待着大家可以选我。"

我们一路上聊得很投入，不知不觉就走到了家门口，打开门，房间里有些暗，我开了灯，整个房间瞬时亮了起来。

回头一看，他已经坐在写字桌前开始写作业了。

我正要离开，他突然叫住我："妈妈。"

"嗯，怎么了？"

他咬着笔说："其实今天我对刘刘说：'你应该竞选体育委员的。就算别人不投你，作为好朋友，我也会投你的。'"

"你鼓励了他，真好。"

"唉，鼓励有什么用，他一点儿也不高兴。他说，万一竞选时只有我一个人投他，他会很难过的。他害怕所有人都不投他，也害怕只有我一个人投他。"

"那个……你三年级时竞选班长，不是也只有同桌QQ一个人投你吗？"

往事历历在目，我俩都忍不住笑了。

"所以，"我说，"你是为刘刘的放弃而惋惜，虽然很可惜，但这是他的选择。如果他自己都放弃了，别人再想帮，也帮不上的。"

"但……"

小群不咬笔了，眼圈有点儿泛红，说："就是那次只有QQ一个人给我投票，让我之后都不敢再竞选班干部了。这次多亏QQ继续鼓励我，还有班主任也说我认真负责，做事有条理。如果没有他们的鼓励，我可能真的就再也没有勇气去竞选了。"

"我知道。"我在他身边坐下，"那些事情，我当然都知道。"

我又抓着他的手说:"有一段时间,你跟我说,对班级的竞选活动不太感兴趣,有那个时间不如看书,不如跟朋友们玩,不如画画……你给自己找了很多借口。其实我知道,你是怕自己竞选失败,所以你特别理解刘刘今天的心情,对吗?"

"是。"他点点头说道。

啊,我的孩子真是善良。

给妈妈的礼物

小群刚上一年级那阵儿,几乎每天放学回家,他都会塞给我一两个独立包装的湿纸巾。湿纸巾的包装上印着"学生营养餐专用清洁湿巾,饭前擦擦手,健康到永久"的字样。除此之外,没有任何稀奇之处。我没在意,接过便扔在了书桌上,也没拆开用过。

可他每天回来都要给我,湿纸巾越攒越多。有一天,我终于忍不住问他这么做的原因。

那时,小家伙已经洗完澡躺在床上。听到我的问题,他翻了一页书,抬头看了我一眼,然后说:"这是我们学校吃午饭时发的,用来擦手的。但我每次都去卫生间洗手，这样就可以把湿纸巾省下来送给你当礼物哇。"

"湿纸巾当礼物吗？"

夏日酷热难耐，我把小风扇夹在他的床头，调好角度，问他："这个挡可以吗？"

"可以。"

他点点头，接着说："妈妈对我这么好，我又不能赚钱给你买东西报答你，只好想别的办法了。这个湿纸巾哪，是黄桃味儿的呢，你肯定喜欢。"

呀，是黄桃味儿的吗？我有点儿后悔没有早点儿打开看。

生怕他发现我的心思，我说话也变得结结巴巴："是，是的，黄桃味儿的，谢谢你记得我喜欢黄桃。下次你自己留着用吧，不用总想着报答妈妈。"

我拆开一个湿纸巾，果真，淡淡的桃子味道悄然散开。

"是不是很好闻？"

他显然也闻到了。

"是呀，你送给我的嘛，那还能不好？你每天快快乐乐地成长，老师留的作业都在学校完成，讲道理、有自己的主意，从来不让妈妈操心，这些对我已经是最好的报答了。"

他一时没有说话，我以为他没听到，正打算离开，余光中看到他翻了几页书，突然他慢慢说道："那不行，那是你的想法。我要用我自己的方式来报答妈妈，对妈妈好。"

那一刻我差点儿感动得热泪盈眶，忍住了抱着他狂亲一顿的冲动，稳定住情绪后，我说："谢谢你呀，我好感动，谢谢你为妈妈做的一切。"

有什么事情是比你倾注心血用爱浇灌的小小生命，用他自己小小的力量开始慢慢回应，更为快乐的事情呢？

番外篇

突如其来的母子情

我和朋友聊起小群,说他真是个非常温暖的孩子。有一次我感冒了躺在床上,小群不停地进出我的房间,虽然他什么也不说,但时不时摸摸我的额头,在我身边坐一会儿。

这段对话被小阔听到了。

他非常生气。

已经持续三天了,他有事没事就过来摸我额头,再狠狠地亲一口才走。

这突如其来的母子情,着实过于热情。

番外篇

每天抬眼就能看到他

小阔两岁的时候,就已经学会告状了。有一次,他急匆匆地跑向我,小手指着坐在沙发上的哥哥,然后又摸摸自己的小脑袋,小脸蛋儿涨得红扑扑的,又急又气地说:"哥哥,打'瓜瓜'!"

人们常说在有两个孩子的家庭里,老二往往会被老大欺负。但在我们家,弟弟有时也会"欺负"哥哥。不知道为什么,小阔喜欢偶尔掐别人的后腰。有一次,小群正蹲在地上专注地做着什么,腰间不经意露出一点儿皮肤,小阔突然冲上去,手疾眼快,手指朝着那块露出的肉使劲一掐,接着,传来了小群杀猪般的号叫声。

小群尽管心里满是委屈,但他还是强忍着泪水,叮嘱着那个比他小七岁的"小屁孩":"哥哥疼,你以后不能这样了。""小屁孩"似懂非懂,在我的再三要求下,小阔清晰地说出了"对不起"这三个字。

小阔偶尔也会突然走到哥哥面前，张开双手，踮着脚，奶声奶气地说："哥哥，抱抱。"小群便会宠溺地笑着，吃力地抱起他，护着"小屁孩"的腰和屁股，哪怕坚持不了太久，小小的身体很快便会滑下来。

"小屁孩"喜欢缠着哥哥。哥哥在哪里，他去哪里；哥哥玩什么玩具，他也要玩什么；哥哥吃饭，他也要吃。有一天早上，小群醒来，偷偷凑到我旁边，低声说："以前跟小伙伴玩，还没玩尽兴，就会被大人们叫回家。但现在有了弟弟，我们是一家人。我每天抬眼就能看到他。"

他满足地用鼻子蹭着我的头发说："妈妈，有弟弟真好。"

你那么好，很多人也会爱上你的，因为你就是那个闪闪发光的人哪。

第五章

还是有这么多人爱着你,
因为你值得呀

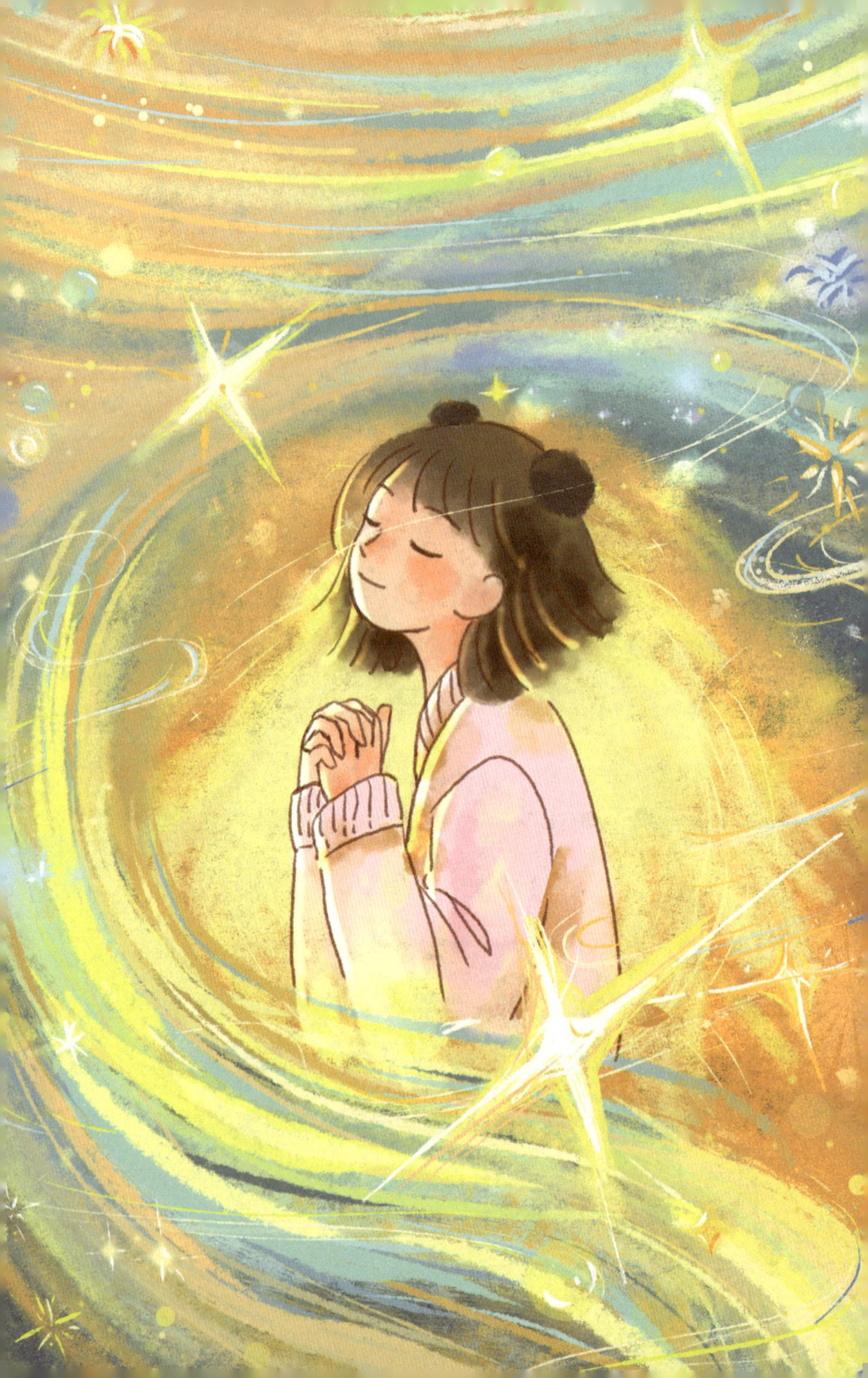

因为你是个闪闪发光的人哪

约了朋友余婧吃烤肉。

我给她准备了一瓶茉莉花纯露作为礼物。我写稿时喜欢往脸上喷一些,整个人、整个房间都带着一股茉莉花香,舒服得很。

我想了想,给她留言,请她也给我准备个小玩意儿当作礼物,我说那样我会很开心的。

她回复:"好。"

我们将见面的地点定在一家商场旁的报刊亭。远远地,我就看到了她,她居然举着三个氦气球在等我。

那些氦气球飘哇飘哇,高高地悬在头顶。这已经让我感动得心跳加快了,而更让我意想不到的是,气球的绳子末端还绑了一个首饰盒,里面装着闪闪发光的项链坠子。

气球是她昨晚连夜打的,项链坠子是她亲自设计和打磨的。

呜呜呜……我感动得要哭了。她给我的远远比我期待的多。

比较起来,我送她的太普通了!重点是,我何德何能,让她愿意为我做这么多?

她看我高兴得像个孩子一样,觉得我心中那份纯真无邪的孩子气显露无遗,她想像宠爱孩子一样宠爱我。

我们走在路上的时候,我差点儿被一辆摩托车撞到,她还把我护到身后。

我抓着这三个气球从商场的一楼走到六楼,一路上吸引了无数目光——有羡慕的、好奇的,甚至还有那么一丝丝嫉妒的。

无论是父母、爱人,还是朋友,都没给我买过气球。

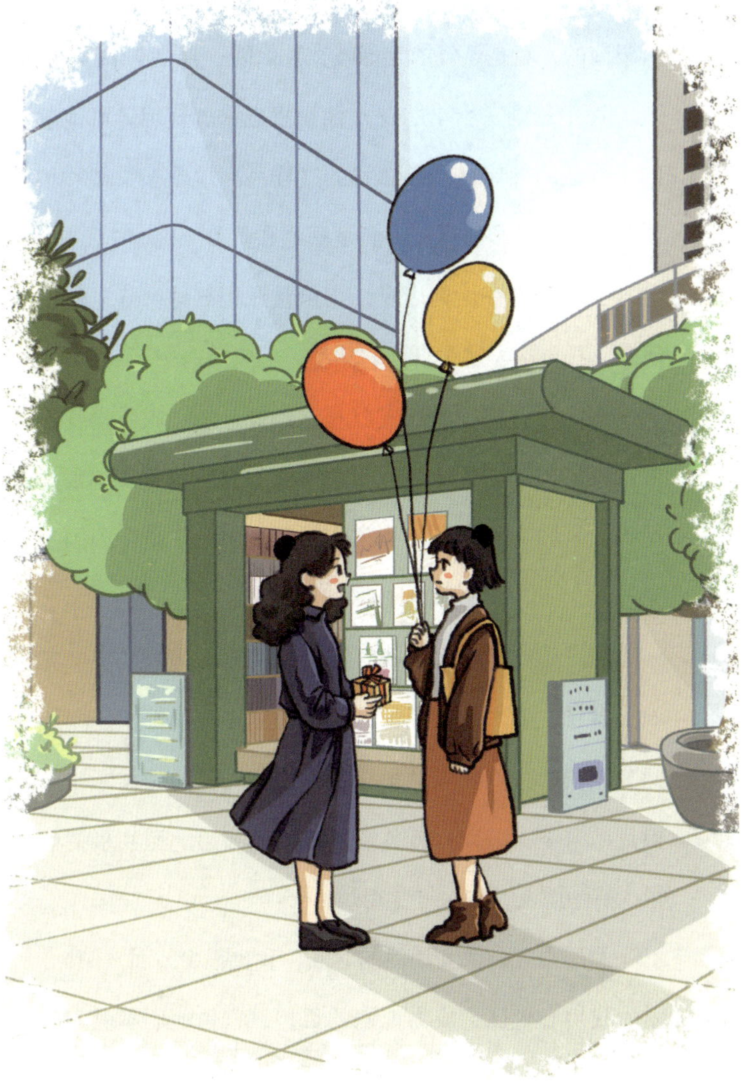

可眼前的，竟是氦气的气球哇！它们能一直在空中飘着。

途中遇到一个小朋友，他手里也拿着气球，可他拿的是普通的气球，不会像我的这样高高地飘在头顶。小朋友看我的时候，目光中满是困惑和羡慕。

我们俩坐在烤肉店里，用椒盐瓶把气球绑好。何德何能，我再次表达了自己的感动，呜呜呜……

跟心理咨询师做朋友就是这点好，她一眼看出我心中在想什么，安慰我说："我对你好，是因为你真的太好了呀，是因为你本身就非常优秀，是因为你是个闪闪发光的人，你值得我这样对你好哇。"

我一边吃着烤肉一边哭，既感到难为情，心里又充满了喜悦。似乎在相当长的一段时间里，我都担心朋友们会烦我，所以在电话里总是没说几句就匆匆挂断，生怕自己太啰唆，让对方觉得我缺乏分寸感。遇到事情也很少麻烦朋友，怕对方觉得烦。

当压力大到快要崩溃的时候，我也很少找朋友倾诉，因为我担心自己会成为他们的负担，害怕他们不愿意做我负面情绪的"垃圾桶",更怕因此让他们感到厌烦。

我擦了擦眼泪说:"我会爱上你的,你实在是魅力无限。"

她说:"你也是呀,你那么好,很多人也会爱上你的,因为你就是那个闪闪发光的人哪。"

我还是难为情地说:"有时候我会觉得自己闪闪发光,但偶尔也会自卑,觉得自己没那么优秀。"

"嗯,"她依然专注地看着我,"记住,你一直闪闪发光,如果有人不这样认为,那只能说明他们没有眼光。"

这也太治愈了吧。

收获了一份远远比我期待的要深厚得多的友谊,以及一份笃定的自我肯定:我值得别人对我好。因为,我是一直闪闪发光的人哪。

我想和这样的人一直做朋友。

来自朋友间的精神支持

你是否拥有这样的朋友（无论是同性朋友还是异性朋友）？在你需要时，都能无条件地给予你精神上的鼓励和支持，他们是你可以没有任何保留、充分信赖的朋友。当你遇到了烦心事，无论是感到痛苦、绝望还是迷茫……只要向这样的朋友倾诉，他们就会放下一切陪伴你，全心全意、耐心地倾听你的抱怨，并给予你温暖而积极的回应。不论发生什么事情，他们的存在与陪伴总能让你深切地感受到温暖，即便遇到再大的问题，你也能渐渐平复心情，鼓起勇气去面对并克服一切挑战。

回顾我的学生时代，那是一段充满阴霾的日子。

我的学生时代并不好过，我曾错误地信任了不值得信任的朋友，遭受过同伴的霸凌。她们甚至还怂恿她们的男朋友一起对我进行羞辱和谩骂。这段不堪回首的经历，让我在之后的许多年里，每当面对同性之间的友谊，内心都充满了恐惧与防备，始终不敢给予彻底的信任。

在工作了很多年之后，我有幸结识了一位特别温暖、值得信赖的朋友。她让我开始敢于信任他人，她思路清晰，极具同理心，很容易就能理解他人的感受，而且她非常聪明。

每当我买了什么好玩的、好看的、好吃的，也想第一时间分享给她。

每当我遇到难过、沮丧或痛苦的事情时，她总是默默地倾听，从不急于给出任何建议。她会设身处地地从我的角度出发，深刻理解我的感受，并给予我足够多的安慰。直到我的情绪逐渐平复，恢复理智，找到那条既对自己更有利又真正符合内心所向的道路，然后坚定地迈出步伐，继续前行。

其中印象最深刻的一次，是我经历了一件极其难过的事情，难过到我永远不愿意再次提及。

那时已经是深夜十一点，我躺在床上，用手机给她发信息向她倾诉着内心的痛苦，泪水不禁滑落。她不知道我在哭，但是看了信息后，她说："你现在出来吧，我们去找一家好的酒店住一晚，我陪着你，我陪你度过这段最难挨的时刻。"

我收到她发来的那条信息时，既惊讶又感动。不过，我告诉她我有两个孩子需要照顾，小阔才一岁多，我不能抛下他们独自去面对我的哀伤，他们需要我。已经步入中年的我深知，生活容不下这般奢侈与不负责任的选择。

是的，抛下孩子去和闺密住酒店，对我来说，是很奢侈的事情。她告诉我此刻我只是我自己，现在是我最需要照顾和陪伴的时刻，我的孩子可以让其他家庭成员陪伴。

"我现在只想照顾你。此刻你才最需要陪伴。"

我一边哭一边拒绝了她的心意。因为我还做不到那么兴师动众地从家里走出去，如何向父母、伴侣、孩子解释，对我来说是个难题，甚至是阻碍。

虽然没有去，但是那一刻，她给我的心意我都接收到了。

我开始明白中年人，尤其是当了妈妈，需要照顾老人和孩子的中年人，有了痛苦后，不需要偷偷藏起来独自舔舐伤口。

那一刻，我是我自己。

我不是谁的女儿、妻子、妈妈，我就是我。

在我最脆弱、无助、痛苦、孤单时，我的朋友愿意暂时离开她的孩子、她的丈夫、她的家庭，只为了陪我度过那样难挨的时刻。

我可以寻求这样的支持，我也有这样的朋友。真好哇。

作家都梁曾说："天上已经掉馅儿饼了，就别问是不是三鲜馅儿的了。"这句话的意思是：当免费的好事或者大便宜摆在面前时，我们应当欣然接受，不应过分挑剔，以免错失良机。每当有好朋友主动热心地帮我时，我常常会引用这句话来轻松应对，大家相视而笑，也就过去了。

有一次，我和我的这位朋友说起了这件事，没想到她回应我说："不，在我这里，你永远可以挑你喜欢的馅儿——无论是三鲜的、猪肉白菜的，还是韭菜鸡蛋的……永远任你挑选。"

呜——感动。

永远都纵容你挑馅儿的朋友，友谊里承载着宠溺和包容，这份沉甸甸的友谊给予的莫大的精神支持，曾经陪我渡过很多难关。

心理学有个概念叫"社会支持"，指的是来自家庭、亲友和社会网络方面的精神或物质上的援助。父母、子女、伴侣、朋友等组成了一个人的社会支持系统。当一个人的社会支持度较低时，一旦陷入抑郁情绪，往往难以自我排解；而较高的社会支持度，则对维护心理健康极为有利。

倘若在家庭关系中未能得到足够的支撑,当伴侣无法给予所需的慰藉时,别担心,我们还有朋友。

做那个主动伸出手的人

一直以来,在友情里我并非主动的人。可若是有人率先向我表达善意和友好,我似乎也会变得同样主动和热情。

有件事情,现在回想起来有点儿奇妙。不久之前,我结识了一位很特别的演员朋友。那是一次朋友的生日聚会,受邀而来的人来自各行各业,一下子聚集了三十多人。我找了个角落坐下,环顾四周,发现大部分人我都不认识,只好百无聊赖地玩起了手机。主人挨个儿给大家介绍,大家也都礼貌地笑着回应。

其实,那种氛围是客气中却带着一丝疏离。直到有位演员坐到我旁边,我们挨得很近,周围又没有其他人。四目相对,如果不说话确实有些尴尬。她很漂亮,比电视屏幕上看起来更加年轻且充满活力。我对她在某部戏中扮演的角色,特别是其中的两场戏,印象深刻。

作为反派角色之一,她将那个角色演得恰到好处,憨态中透着机灵,十分讨喜,真是难得呀。

我直接说出我的感受。她默默地听着,偶尔回应我几句,又分享了拍戏时她与导演的对话和她对人物的理解。尤其讲到某一场戏时,画面感十足,我忍不住大笑。

在和她聊天的过程中,陆续有各自的熟人过来打招呼。我暂时离开了座位,和一位作者聊天。等我回过神儿来,才发现自己原先的位置已被别人占据。

嗯,有点儿遗憾。我想。

等到酒席开始,大家重新落座,我和她之间隔了一个人。我们偶尔聊上几句,但交流并不频繁。晚上十点多,我准备离开了。我心里有些遗憾,觉得这么有趣的人,要是能加个微信就好了。

但是，如果我提出来会不会显得有些唐突呢？我想了想，决定还是放弃这个念头。可心里仍怀揣着一丝期待：要是她主动加我微信就好了。

眼看天色越来越晚，我决定提前离场。朋友站起来准备送我，就在这时，她突然叫住我："小懒，加个微信好吗？"那一刻，我简直怀疑她听到了我内心的声音。

后来，我们逐渐变得熟络起来。她送给我儿子一套乐高玩具。我送她桃子，还有我刚刚出版的新书。她约我聊天，我们在一家餐厅从下午两点聊到晚上将近八点。随着时间的推移，我们之间的联系变得越来越密切——如果一天不联系，就会感觉似乎少了点儿什么。她见了什么朋友，有什么好玩的事，都会与我分享。我去了哪里，看了什么风景，也会发图片给她。我们开始聊各自的人生经历，聊彼此喜欢的影视剧、书籍……

一个人，是他过去所有阅历的总和。在建立友谊的过程中，在翻阅各自阅历的时光中，我们能发现对方独有的智慧。

真是神奇。

遇见有趣的人，真好。

我想下一次，再有类似的场合遇到类似有趣的人，我会努力突破内向性格的限制，勇敢地迈出那一步，做那个主动伸出手的人。

人生的乐趣和收获之一，就在于遇到有趣的人和事。

我差点儿错失了一个多么有趣的朋友哇。

全职妈妈的困境

在成为全职妈妈之前,她们也曾是闪耀着光芒的少女呀。

1

很多人不理解,为什么会有人选择当全职妈妈。有些人甚至会用不屑、鄙夷的语气,来指责她们"没本事"。更有甚者,会用"婚奴""脑子进水了"等极端的言论来评价全职妈妈。

每次看到这样的评论时,我都会很难过。我认识很多放弃了工作,选择做全职妈妈的女性。做全职妈妈,真的是很难的选择。有些是年轻懵懂,并不了解全职妈妈的辛苦;有些是条件不允许,不得不那么做;而有些,是没有看到此后的困境和风险;也有一些,是再三斟酌后,想对从她身上掉下来的"那团肉乎乎的小生命"负责,忍痛放弃了工作,放弃了也曾经济独立的自己。

全职妈妈们一门心思地期盼小孩儿能够健康快乐地成长,得到高质量的陪伴。我深知她们为之放弃了什么,要面对什么样的挑战与潜在的风险:未来重返职场时就业竞争力逐年减弱;在缺乏直接经济来源的情况下,育儿与操持家务所投入的辛勤努力及其巨大价值,往往被忽视;难以获得家人,尤其是丈夫的充分理解和支持;在家庭中的话语权越来越弱;在婚姻出现变故时,她们可能会承受巨大的经济损失以及社会地位的下降;个人成长与自我提升的空间受到极大限制……

是的,她们知道这些风险,但仍做出了这样的选择。

无论出于什么原因选择成为全职妈妈,我们都应该给予她们更多的理解和支持,而不是采取极端的态度,否定甚至讽刺她们的选择。

2

有一期语言类节目的辩题是"老婆年薪好几百万,要不要当全职爸爸?",反方列举了当全职爸爸可能会面临的种种困境。这让我想起一位网友发的视频,视频呈现了一个全职爸爸半年的变化:从昔日的帅气小伙,逐渐变成身形肥胖,眼神黯淡无光,不修边幅的人。变化之大,让人咋舌。而这些肉眼可见的变化,却正是更多没有被看到和被肯定的全职妈妈们正在经历或者已经经历过的困境。

除此之外,比起女人,全职爸爸们并没有生育损伤:漏尿、乳房下垂、长妊娠纹、患有妊娠糖尿病……有多理解、同情视频中的那个男人,就应该有多理解并支持那些艰难的、几乎失去自我的全职妈妈们。

有人可能会问:"大家都不要当全职爸爸、全职妈妈,我们一起去上班,都有自己的工作不更好吗?"

可是,爸爸妈妈都去上班了,谁来专门照顾孩子呢?选择谁作为孩子的主要抚养人,会让我们比较放心呢?

国家法定产假是98天,其中产前可以休假15天;难产的,增加产假15天;生育多胞胎的,每多生育1个婴儿,增加产假15天。

这意味着妈妈怀胎十月后生出来的那个小家伙,到产假结束时,刚学会翻身,连婴儿车都还不能稳坐,大部分时间只能躺着,既无法自主活动,没有基本的自理能力,又欠缺有效的表达能力,只能通过哭声来传达所有需求。这个阶段婴儿的喂养间隔通常不超过两个小时,然而,就在这个时间段,妈妈们却不得不返回工作岗位。

从婴儿的角度来说,这个阶段是和妈妈建立联结的最佳时期，孩子从妈妈的身体里出来，身体上虽然分离了，但情感上仍然和妈妈紧密相连。婴儿出生后，来到这个世界上非常没有安全感，妈妈的心跳声是他们最熟悉的声音，这也是顺产的婴儿出生时剪断脐带后，要第一时间把婴儿放在妈妈怀里的原因。

婴儿睡觉总是不安稳，可能好不容易花一个小时才睡着，但不到十分钟就又突然啼哭不止，就这样反反复复折腾。白天还好说，到了晚上孩子整夜啼哭，令人疲惫不堪。

婴儿不论是从生理上还是心理上都需要妈妈更多的陪伴。这些并不是仅仅休了三个多月的产假就复工的妈妈，可以充分给予的。而这正是很多妈妈无法做到休完产假就把孩子丢给其他家庭成员或育婴嫂的主要原因。

3

所以,爸爸妈妈都去上班的话,谁来带孩子呢?

有几个常见的选择:双方老人(爷爷、奶奶、姥姥、姥爷),育婴嫂,双方老人和育婴嫂一起。老人带孩子有利有弊。最大的优点是有血缘关系,可以百分百地信任他们。不论是在家还是去户外,老人带孩子都会让父母感到踏实、放心,不用担心孩子会被偷偷拐到哪个地方卖了。很多家庭正是因为有老人牺牲了自己的生活,帮忙带小孩儿,才使得爸爸妈妈能正常上班,保证了整个家庭的正常运转。对此,年轻父母应心存感激。

老人带孩子的弊端,在于精力有限、体力跟不上。而婴儿从开始翻身到爬行,再到学走路的每一个阶段,无论是在房间内还是户外,都潜藏着诸多安全隐患。小孩儿精力太旺盛了,别说老年人,年轻人带一天孩子都会很累。我们都曾见过骑着自行车、滑着滑板车、站在平衡车上飞速而过的小孩儿,老年人根本追不上。所以老人带小孩儿，要多提防意外伤害。

如果老人带的小孩儿很少受伤，除了因为老人细心、腿脚相对灵活能够迅速反应外，还可能存在另一种情况：老人不敢放手让小孩儿自由活动，走到哪里都紧紧攥着孩子的手，寸步不离。这种做法虽然在一定程度上减少了孩子受伤的风险，但也可能带来一些不利的后果。首先，小孩儿的运动能力可能因此受到一定的限制，缺乏足够的实践和探索机会，导致他们在跑、跳、平衡等能力的发展上，可能会稍晚于同龄人。其次，长期在过度保护的环境中成长，孩子可能会变得较为内向，缺乏自信和独立性，不善于主动与人交往和表达自己的想法。

有些老人育儿观念偏保守。我见过有的老人至今依然喜欢把饭菜嚼碎了嘴对嘴喂孩子，追着孩子喂饭就更普遍了。此外，他们总觉得小孩儿穿得少，所以把小孩儿捂得极其严实。这样的做法可能适得其反，孩子因为穿得过多容易出汗，风一吹，反而导致感冒或发烧。

老人也可能会存在粗心大意或者遇事反应不够敏捷

的情况，还有过于宠爱的问题。溺爱孩子在一定程度上会对小孩儿的性格发展产生不良的影响。在上幼儿园之前，上述问题尤为突出。

进入小学阶段后，一系列新的问题接踵而来：早晚接送，课后辅导，各科老师布置的作业，小程序打卡，按顺序拍照上传作业，还有班主任关于孩子在校表现的沟通……面对这些烦琐的事务，很多老人往往难以应对。

同时，我们必须认识到，老人带孩子也严重影响了老年人的生活质量。老人年纪大了，辛辛苦苦半辈子，谁不想享享清福，出去跳跳广场舞、练练拳、下下棋、看看剧、听听新闻、关心国家大事……不得不放弃自己的老年生活，整天帮子女带孩子，老人真的愿意吗？难怪有人也会问子女："你不自私吗？"

我有一位朋友，原本生育意愿就不太坚定，她的妈妈很早就向她表达了自己的态度，建议她做丁克一族。她的妈妈恳切地提出，如果她最终还是决定生孩子，希望她不要将带孩子的责任完全转嫁到老人身上。持续依赖老人帮忙照顾孩子,不仅是在经济上"啃老",更重要的是,在某种程度上直接限制了老人的人身自由,也会给他们带来不小的精神压力,相当于老人的整个后半生直接被捆绑,这是在吞噬老年人的晚年生活。

因为带孩子身体越来越差,精神状态越来越不好,心情越来越糟……这些都比经济上的"啃老"严重多了。于是,朋友不得不重新做规划。

4

既然老人带孩子有这么多弊端,那我们请阿姨就好了嘛。另外,有些家庭双方老人已经过世,或因为年纪大、身体条件差等原因没法儿带孩子。还有一些饮食习惯的不同、脾气性格的差异以及婆媳之间的矛盾等导致频繁争吵,没办法在一起生活的情况,只能请阿姨。

在北京这样的一线城市,一名稍有经验的保姆基本月薪往往从 6500 元起步。我曾经请过一位阿姨，自称有带孩子的经验，然而有一次孩子在卧室里与阿姨玩耍时发生了意外。当时全家人正在共进早餐，突然，我们听到砰的一声，大家急忙赶去查看，发现阿姨竟将七个月大的孩子放在窗台上，而自己弯腰去捡掉落在地上的玩具车，导致孩子从窗台上摔落，后脑勺着地。幸运的是，经过一夜观察，孩子并未出现什么问题。

不要觉得注意安全很简单——我们往往低估了小孩儿作为一个独立生命的活动能力和范围，以及无时无刻不在的危险性，更高估了保姆的专业性和警觉度。

至于能够带着孩子看书、唱童谣，独立哄孩子睡觉的，其基本月薪往往不低于 7000 元。学历高，能开车，厨艺非常棒，还会说英语的高级育婴嫂，其月薪几万也是有的。对于普通人来说，雇用高级育婴嫂往往是一笔不小的开销，可能难以承担，或者说请得起但是舍不得。

此外，还有信任的问题。毕竟没有血缘关系，难免担心无亲无故的阿姨对孩子不好，在社会新闻里也会见到掌掴孩子、摔打孩子的事件。请了阿姨后，还得"赌"这个阿姨情绪稳定、言行一致，不会在家人不在的时候打骂孩子，不会简单粗暴地对待孩子。

来北京后，我搬过很多次家，在不同的小区里能够看到单独带孩子的尽职尽责的阿姨并不多。责任心强而且能力不错的都得好吃好喝地哄着，恨不得"供起来"。

我曾经看到小区有个阿姨对五六岁的小女孩施以暴力。小女孩想和小伙伴多玩一会儿，被她劈头盖脸骂一顿，拽着胳膊就直接拖回家了。这样的场景不止发生过一次。后来，我见到小女孩的妈妈，忍不住提醒了一下，原以为她会大发雷霆，马上解雇那位阿姨。

可结果并没有。她一点儿也不惊讶，甚至觉得能接受。她无奈地向我解释：如果阿姨走了，没人带孩子，她就没法儿上班。

她家的老人年纪大，不能带孩子，所以只能依赖这位阿姨。即便他们知道女儿受了些委屈，甚至回家后女儿向他们告状，他们明明知道是阿姨的问题，也只能选择批评女儿，告诉女儿要听阿姨的话。

他们不敢指责阿姨，甚至有什么好吃的好喝的都要给阿姨留着。不仅如此，他们还会给阿姨送化妆品和衣服，逢年过节还会给阿姨包红包，就怕阿姨辞职。一旦阿姨辞职，孩子的妈妈就没法儿上班，家庭就没办法正常运转。

由于没有血缘关系，绝大多数阿姨照顾孩子时不如家中老人尽心尽力。她们在照看孩子的同时刷手机的现象较为普遍，因此也容易出现意外。

5

一个孩子在其成长的关键时期，如果得到了足够的爱、尊重和高质量的陪伴，性格会非常活泼开朗，表达能力也会非常强。

也许正是因为看到了老人和阿姨带孩子的问题，一些妈妈觉得与其每天辛辛苦苦去上班,用高薪请学历和能力远远不如自己的阿姨带自己的孩子,不如做全职妈妈。

许多育儿专家建议,母乳喂养应持续至婴儿满一周岁。这一阶段,婴儿在生理和心理上对母亲有着强烈的依赖,妈妈不得不在养育投入上付出更多。如果选择了做全职妈妈,她们不会错过孩子成长的点点滴滴,孩子什么时候会开口讲话了,什么时候会爬了,什么时候可以不用大人扶着独立行走了,什么时候会滑滑板车了,什么时候听着音乐扭起小屁股跳舞了……所有这些,对她们来说都弥足珍贵。

这是我对全职妈妈的理解。

6

写这篇文章,当然不是为了鼓励大家做全职妈妈。

无论女人是否生育，保持经济独立、更好地完成自我的成长和提升，才是非常重要的事情。

我只是留意到有全职妈妈群体的存在，并试着去理解她们，关注她们。

无论如何都不应该轻描淡写地冷嘲热讽，尖酸刻薄地诋毁和贬损全职妈妈。

我想呼吁：

希望更多的男性可以参与到育儿当中来。

希望男性作为家庭中丈夫和爸爸的角色，能够承担起更多的重任。

照顾好自己的妻子——孩子的妈妈——在成为全职妈妈之前，她们也曾是闪耀着光芒的少女呀。

要保证全职妈妈的独处时间

全职妈妈长期得不到充分的休息和放松,身心疲惫、超负荷育儿是非常危险的。这种状态不仅会影响婚姻稳定和家庭和谐,还会影响孩子的成长环境和教育质量,甚至可能对孩子的性格塑造产生深远的负面影响。

我认识很多全职妈妈。有的为了孩子的教育,选择到国外陪伴孩子读书;有的则是来自北京周边的城市,带着孩子来到北京求学。当然,更多的是因为双方父母没办法从老家过来帮忙,又不放心找育婴嫂带孩子,许多女性不得不离开职场,成为全职妈妈。

而我自己在生第一个孩子之前,原本也有需要全天坐班的工作。在怀孕之后，我意识到双方父母都不能够长期且稳定地过来帮忙照顾孩子，加上双方各自的家庭在生活习惯和育儿理念上存在分歧，最终我选择了辞职。但凡有更好的选择，谁会愿意辞职，在家里全天24小时、全年无休地照顾孩子呢？我无法把肉嘟嘟的小生命交给一个完全不认识的保姆。

孩子的爸爸似乎不这样想，他觉得交给双方老人带也是可以的。

我尝试理解他的想法，可能男人对于"爸爸"这个角色代入得比较晚。有的男人是从孩子出生的那一刻起，才真正地意识到自己已为人父。而妈妈们是从自己怀孕的那一刻，开始意识到自己已经成为妈妈，从那时起，她们便与肚子中的小生命紧密相连，成为命运共同体，分分秒秒感受着点点滴滴的变化。

那段时间，除了照顾孩子，我还要挤出时间写稿赚稿费，让自己有一份还算不错的收入，也让自己全职在家照顾孩子的生活不那么无力和无光。

是的，我用到了"无力"和"无光"这两个词。这是因为，养育孩子真的太耗费心血，既消耗精力、脑力，也透支体力。

每天，我都要忙着准备早、中、晚三餐，还有上午和下午各一次的辅食。天气好的时候，上午和下午我都要带着孩子出去晒晒太阳。除此之外，家务活儿也一刻不能停，打扫卫生、洗衣服、叠衣服、哄睡，每一项都是必不可少的。

也许只有在孩子睡着时，我才能拥有那么可怜的一小会儿自己的时间，但也不完全是属于自己的。因为孩子虽然已经睡着，可总是睡得很轻，我仍然要陪在他身边，寸步不离。我不知道为什么，他总是睡得不安稳，隔一会儿便会哭醒，睡着的他似乎也可以感受到妈妈不在身边。

我不能偷懒，因为没有人可以跟我换班。绝大多数时间，我的身体和大脑片刻不得闲。即便身体休息的时候，脑袋里还要惦记着孩子的各种需求，心里总是像坠着一块石头似的。

即便我已经足够小心，但总是有一些小小的意外发生：孩子从床上摔下来，趴着睡觉差点儿窒息，呛奶……我当时也只是个新手妈妈，关于照顾婴儿的知识，不过是从月嫂、图书、影视剧以及我妈妈那里东拼西凑学来的。虽然掌握了一些理论知识，但更多的还需要从实践中摸索。

孩子的爸爸每天晚上十点才能下班回到家，而早上八点又要出门，所以在照顾孩子和家庭方面，基本指望不上他。那几年对我来说，真的是非常、非常辛苦和痛苦的时光。每天的忙碌和劳累让我几乎没有了喘息的时间，也让我感到有些麻木，没有了任何活力。

那时候，没有人教我可以寻求其他形式的帮助和支持，比如，其实我可以请育婴嫂或小时工来分担照顾孩子的任务。在那段独自带孩子的时间里，我几乎完全失去了自我，没有属于自己的时间。别说享受片刻的休憩或是发呆放空，就连安心地上趟厕所的自由都难以实现。

最极致的时候,我在厨房忙碌,孩子号啕大哭,锅里的菜眼看着就要煳了,偏在这时,门铃与电话铃声同时响起,实在让人应接不暇。

那几年,由于长期的疲惫和重压,我的脾气变得异常暴躁,整个人仿佛老了不止十岁。除了身心上的疲惫,我还承受着生育带来的各种损伤(妊娠纹、身材走样等),这让我感到既自卑又敏感。那时候的我几乎完全没有了社交生活,每天都沉浸在无尽的忙碌和孤独中。我甚至觉得,我那时肯定已经陷入了产后抑郁症的困境,只不过没有任何人注意到,所以也没有寻求治疗,甚至我自己都完全没有这方面的意识。

所有其他家庭成员,都认为养育孩子是我一个人的责任。

不论白天和黑夜,只要孩子冷了、热了、生病了、吐了、拉了、没睡好……出了任何问题,在他们看来,都是因为我没有照顾好。他们向我灌输的是既保守又传统,甚至带有偏见的育儿观念,诸如"就应该女人带孩子"这样的观点,而给予我的支持却少之又少。

同为女性,为什么妈妈、婆婆也从来没有觉得这样是不对的呢?还是她们其实曾经尝试过很多次的改变,后来发现是徒劳,也就放弃了,并让自己的女儿、身边的所有女性也跟着放弃且认命。而爸爸们,我的爸爸和我先生的爸爸,当然不会觉得哪里不对。

那几年的育儿生活异常艰辛。现在想来,自己当时处理问题的方式也有很多可以改进的地方。在那种传统而保守的教育背景下,我表现得有些被动与麻木。而我的先生由于工作繁忙以及家庭和教育背景的影响,最初在育儿方面的投入确实较少。很久之后,我开始觉醒,进行激烈的抗争,在经过多次深入地沟通甚至冷战的波折后,他才意识到这样对我是多么不公平,也意识到亏欠了我很多。此后,他一直尽力弥补,并尽可能地陪伴在我和孩子身边。

但我还是受了很大的伤,且身心俱疲。

我不知道此刻正在看这段文字的读者是什么样的人,

不论您在家庭中扮演怎样的角色,我都希望可以让更多的人知道:养育孩子累到几乎能将主要养育者的精力、体力乃至情感都消耗殆尽。尤其是对于非常庞大的全职妈妈群体来说(当然也有全职爸爸,但确实我接触得比较少),更是如此。

希望有孩子的家庭可以尽家庭成员最大的努力和支持,给全职妈妈们每天 2—4 小时的独处时间,充分保证她们能得到基本的休息,确保她们保持稳定的情绪和愉快的精神状态。哪怕只是在家里发发呆、玩玩手机、看看电视剧、跟朋友打电话倾诉,或者出去逛街、看场电影、参加聚会。

任何能让她们暂时从照顾孩子的烦琐事务中解脱出来,进而专注地做一些自己喜欢做的事情的方式,都是好的。

照顾孩子远比上班要累得多,这种持续消耗容易造成精神疲劳,可能引发情绪波动,若长期积累更会增加产后抑郁的风险。《2022年国民抑郁症蓝皮书》数据显示，中国每五个产妇中就有一个患抑郁症，而产后抑郁的诊断率和治疗率是很低的。

工作中，尽管再繁忙，无论是与同事交流、共进午餐，还是前往洗手间的片刻，我们总能在其中得到喘息和放松。但全职妈妈不行，照顾孩子需要时刻保持专注，这意味着连喘息的机会都没有。除了日常的吃喝拉撒，月龄尚小的婴儿一晚上哭闹七八次，会让全职妈妈连个完整的睡眠都没有。再说婴幼儿吃饭时的麻烦，喂饭既耗时又容易弄脏，满地都是饭粒和食物残渣，这简直是许多全职妈妈的噩梦。而稍微一不留神，小孩儿就容易发生磕碰、烫伤或摔倒等意外，很多婴幼儿的意外事故发生在分秒之间，让无数家庭追悔莫及。

不要让全职妈妈们整日处在时刻绷紧、不敢有丝毫疏忽的精神状态中。

值得注意的是，孩子睡着时，她们在一旁陪睡并不能算作真正的休息；孩子在一边玩耍，她们在旁边照看，这同样不是放松的时刻。此外，如果其他人只是短暂照看孩子十分钟后又交还给她们，这样的反复难以让全职妈妈们获得实质性的休整。

所谓2—4小时的独处时间的意思是，这些时间是完全属于她们的。她们想怎么支配就怎么支配，没有任何人打扰，不需要心惊肉跳地一心多用，可以心无杂念、心无旁骛地做自己想做的事情。

她们需要暂时从杂乱而繁重的家务中抽身而出，寻找一个能够宣泄情绪的途径，让自己能够自由地深呼吸，感受那份作为独立个体原本应享有的畅快与自由的空气。

如果你是全职妈妈，请想尽办法，无论如何让家人给予你最大的支持，得以享受这样独处的时间。

如果你是全职妈妈的配偶，请想尽办法，每天至少独立带孩子两个小时。如果出于各种理由无法做到，请不遗余力地寻找其他解决方案，比如请亲朋好友帮忙、雇用保姆等，不论用什么办法，给全职妈妈最大的支持，保证她可以享受这样独处的时间。

她不是铁打的。

她应该得到休息。

她必须松弛下来。

她本就拥有这样的权利,只不过为了孩子,忘记了照顾自己。

养育孩子,不是妈妈一个人的事情。绝不应该让她不得不把自己所有的时间和精力用在养育孩子上。

如果无法保证全职妈妈每天拥有2—4小时的专属时间,那么请确保每周有一两天是完全属于她自己的。当然,如果能做到每天有专属时间,是最好的。这样每天都可以松口气,唯有这样,才能够以更好的状态继续让整个家庭正常地运转下去,这也是小孩儿健康快乐、平安成长的保证。

请不要指责我"站着说话不腰疼",我当然知道每个家庭的情况都不一样,很多时候是不得已而为之。每个人都有自己的苦衷和为难之处。实在做不到,恳请所有的全职妈妈,记得先照顾好自己。我知道你的辛苦。你首先是你自己,其次才是小孩儿的妈妈、那个男人的妻子、父母的女儿。

以上,对全职爸爸也同样适用。所有独自且长时间承担养育孩子责任的成年人,无论出于何种原因,他们没有工作或者辞掉工作,成为孩子的主要养育者,日复一日地陪伴在孩子身边,都应该得到这样的理解、关注和照顾。

生育前后，给予女性更好的福利待遇

有一天，我和姐姐们聚在一起聊天。我们聊起为什么越来越多的年轻女性不愿意生小孩儿，经过一番深入的讨论，大家得到了一致的结论：

只有当女性在整个孕产过程中切实感受到幸福与快乐，才会更愿意考虑生育。比如，从孕期开始就能获得家人的更多关怀，不必承受孤独与痛苦。产检的过程既便捷又高效：无须长时间排队等候，环境舒适宜人，医护人员态度温和，爱人亦能陪伴左右。分娩时，女性可自主选择无痛分娩、顺产或剖宫产的方式，在整个分娩过程中，能够获得充分的尊重与保护，最大程度减轻分娩痛苦。在产后身体最为虚弱的时候，能够得到悉心照料，同时，婴儿也能得到妥善照顾，无须产妇拖着虚弱的身体，忍受着产后痛苦，去照料日夜啼哭的婴儿。

我认识一位嫁给法国人的姐姐，她在分娩当天感到特别惊讶：医护人员会刻意把孩子抱给爸爸，培训爸爸如何照顾新生儿，而不是其他人。在法国家庭中，父母很少帮子女带孩子，所以她所接触的法国家庭里，照顾半夜啼哭的孩子主要是男人的事情，大家认为这是理所应当的。

而我所接触的很多家庭，爸爸们往往扮演着"甩手掌柜"的角色，缺乏足够的参与。妈妈们坐月子时有月嫂在，或者有孩子的姥姥、奶奶帮忙照顾婴儿，出了月子便一直是妈妈一个人照顾婴儿，许多个日日夜夜从来不曾睡过完整的一觉，她们承受了太多压力。

没有任何人去提醒或督促孩子的爸爸：你晚上为什么不喂奶？为什么不哄孩子？

要想在社会上形成"男性也应参与夜间育儿"的广泛共识，需要我们的公众、媒体、医院等机构共同发力，通过持续宣传倡导，甚至建立专项培训机制，逐步强化"父亲角色"的家庭责任认知。让爸爸们将更多精力投入育儿，既是丈夫对妻子的支持，更是父亲角色不可推卸的养育义务。

通过加强公共宣传以提升公众意识，结合个人的切实行动，并促成广泛的社会共识，我们才能够为女性营造生育友好型环境。只有当女性感受到这些积极的改变和支持时，她们才会更加愿意尝试并享受这一人生的重要阶段。

另一个不容忽视的问题是职场中对职场妈妈的歧视。

即便有了家庭成员的支持，请了月嫂、育婴嫂，爸爸也承担起了他的家庭责任，但产假结束后重返职场的妈妈们因母爱天性使然，也还是把大部分的时间和精力放在养育投入上。此外，哺乳假的申请以及小宝宝可能会经常生病，导致职场妈妈不得不频繁请假或迟到早退，使得她们在职场中遭遇了不同程度的歧视。

值得欣慰的是,在现行政策引导下,不少用人单位对职场妈妈们越来越理解和宽容,有些企业在招聘时,即便得知拟聘用的女员工处于备孕期,不久将面临休产假,仍愿意为其提供工作机会。

但我认为,仅靠社会自发力量是远远不够的,还是期待相关职能部门可以出台更多的政策,让人们不再对养育孩子心存顾虑。比如,对设立"妈妈岗"的用人单位给予税收优惠;在离婚案件中,司法机关应明确考量全职育儿方的劳动价值,并给予合理补偿;公众场所增设更多的母婴室和第三卫生间,体现人性化关怀等。

番外篇

这也是没办法的事情

小阔每每见到我都会倒退两步,接着一个小跑直冲进我怀里,冲击力之强,让我既惊喜又有点儿措手不及。

今天我把他搂在怀里,柔声细语地说:"宝贝,我知道你喜欢我,可你每次扑到我怀里,我很疼,你下次可以不要这样吗?"

小阔转过身,可怜巴巴地说:"妈妈,我太喜欢你了,这也是没办法的事情。"

啊——

我被深深触动了。

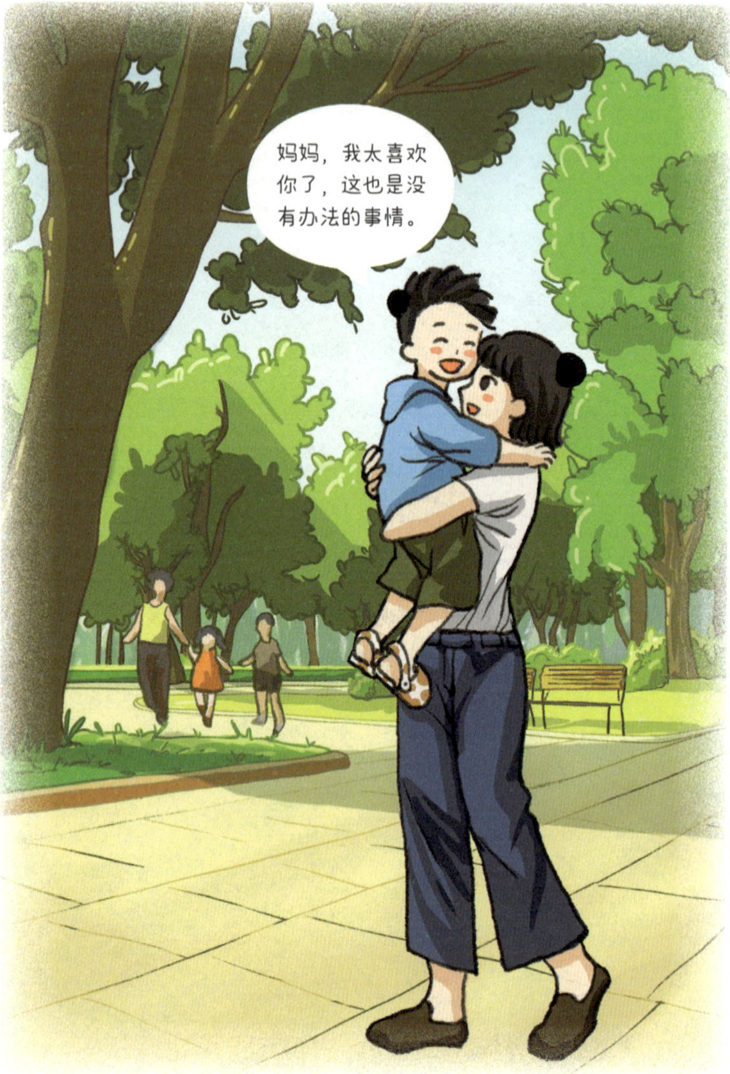
妈妈，我太喜欢你了，这也是没有办法的事情。

番外篇

想当我自己的孩子

你小时候有没有跟父母哀求很久却始终求而不得的玩具、图书、衣服或者其他礼物？

我好像有挺多的，积木、布娃娃、连衣裙、杂志、图书……自己不赚钱，想要什么都得伸手要的感受实在太痛苦了。所以我常想，我给孩子买玩具，不知道是在满足他，还是在满足小时候的自己。

六一儿童节那天，小群说想要个礼物。我开玩笑地问他是不是想在游戏里充值。他摇摇头说："六一怎么能在游戏里充值呢？不能乱花钱的，尤其是玩游戏，肯定得等到七月份我过生日才行啊，一年一次就可以了。"说完递给我平板电脑，让我输入密码，然后他在网上选礼物。我"霸气"地输完密码，说道："不行，六一儿童节你必须在游戏里充值！"小群听完这句话以后，整个人都蒙了。

他还以为我说的是反话，逗他玩呢。为了让我显得不是乱宠孩子，看着他惊呆的神情，我只好自己找补了一下："你看哪，你每天上网课，都很认真地听讲，独立完成作业。你和弟弟游泳，弟弟用东西不小心砸到你，我知道你很疼，我以为你要打他呢，可是你没有，你原谅了他，你知道他不是故意的。爸爸妈妈这几天很忙时，晚饭都是你做给自己和弟弟吃。"

"呃……"

"虽然说，玩游戏这件事和你平时的表现没有任何关系，你要做了什么不讲道理的事情，我也不会用游戏来威胁你，或者表现太好就用游戏奖励你。但你真的是很独立又很讲道理的孩子呀。最主要的是，又不是每天都在游戏里充值。为了让你高兴，在六一这天充值有什么关系嘛。"

"熊孩子"以为这次我同意在游戏里充值，高兴的只是他自己。其实也不是。能让孩子高兴得眉飞色舞，跳起来挥舞着小手，像小鸡忽闪着翅膀，每一个动作都在无声地表达着"真开心"，这本身也是大人给自己的一份礼物。

我把这件事讲给了朋友听，朋友听后，沉默了很长一段时间。

末了，她说："我也想当你的孩子。"

我还想当我自己的孩子呢。